山东省儒学大家工程专项经费资助项目

"孔子研究院翻译中国"系列

儒家角色伦理

21世纪道德视野

[美]罗思文　[美]安乐哲◎著

吕　伟◎译　王　秋◎校

ZHEJIANG UNIVERSITY PRESS

浙江大学出版社

·杭州·

图书在版编目（CIP）数据

儒家角色伦理：21世纪道德视野/（美）罗思文，（美）安乐哲著；吕伟译. —杭州：浙江大学出版社，2020.8（2023.10重印）
（"孔子研究院翻译中国"系列）
书名原文：Confucian Role Ethics: A Moral Vision for the 21st Century?
ISBN 978-7-308-20360-9

Ⅰ．①儒… Ⅱ．①罗…②安…③吕… Ⅲ．①儒家—伦理学—研究
Ⅳ．①B82-092②B222.05

中国版本图书馆CIP数据核字（2020）第120040号

浙江省版权局著作权合同登记图字：11-2019-108

儒家角色伦理——21世纪道德视野

［美］罗思文　　［美］安乐哲　著

吕　伟　译　王　秋　校

丛书策划　张　琛　黄静芬
责任编辑　黄静芬
责任校对　田　慧
封面设计　周　灵
出版发行　浙江大学出版社
　　　　　　（杭州市天目山路148号　　邮政编码　310007）
　　　　　　（网址：http://www.zjupress.com）
排　　版　杭州林智广告有限公司
印　　刷　广东虎彩云印刷有限公司绍兴分公司
开　　本　710mm×1000mm　1/16
印　　张　12.25
字　　数　186千
版 印 次　2020年8月第1版　2023年10月第2次印刷
书　　号　ISBN 978-7-308-20360-9
定　　价　78.00元

版权所有　翻印必究　　印装差错　负责调换

浙江大学出版社市场运营中心联系方式：0571-88925591；http://zjdxcbs.tmall.com

总序

　　中西文化之间存在着旷日持久而且贻害无穷的不对称关系。今天，如果走进中国的一家书店或图书馆，我们可以发现，从西方引进的很多图书，老的、新的，都能被找到，翻译质量大多很高。求知若渴的中国读者是推动这种图书出版的持续动力。然而，走进西方的一家书店或图书馆时，我们却发现，中国最杰出的思想家的书，无论是什么时代的，都很难找到。而且最让人尴尬的是，对于这种情况，竟然几乎不存在要求解决这个不对称问题的读者群；介绍中国文化的书，在西方竟没有市场需求?!

　　为什么? 情况怎么会这样? 最初，中国经典文本的英文翻译是由传教士们做的；通过他们基督教的眼光，这些经典文本被转化为一种具有基督教祷告文性质的东西。走进西方的书店和图书馆可以发现，《易经》《论语》《道德经》《庄子》这些中国哲学文化经典著作，被摆放在猎奇的"东方宗教"类书架上，而不是在令人肃然起敬的"哲学"类书架上。

　　走进西方国家的高等院校，中国哲学一般不是归属在"宗教学"就是归属在"亚洲学"；哲学系肯定是不教中国哲学的。如果用盛酒器具"觚"来比喻中国哲学和文化这种情况，那么正如《论语》所说："觚不觚，觚哉! 觚哉!"

　　另外，19 世纪中期之后，欧美教育体制——大学、学院及其课程，都被一股脑儿地引进到中国、日本、韩国和东南亚等东亚文化中；"现代性"语言被移植到白话文中，促进亚洲文化对自己的传统实行"理论化"，贯穿的基本是西方的概念结构。随之而来的，是西方和东亚文化都出现的一种情形，即"现代化"被简单地等同于"西方化"，以儒家文化"陈旧保守""僵化教条"为理由，将其关在门外。欧美教育体制被引入东亚文化的结果，是对"儒家"这个词价值认识的改变。人们认为，儒家的价值无非是亘古不变的经句，是通过背诵而学的、族长制的、等级制的，是一种仅属于过去的传统罢了。西方的过程哲学家怀德海称孔子为"使中国停滞不前的人"；在中国环境里，"儒学"在年轻人之中也不是什么太美好的词。

这是我们今天所处的历史节点，是我们必须将其作为行动起点的地方，可是就经过了一代人的发展，亚洲国家尤其是中国已崛起，世界的经济和政治正在发生空前的格局性变化。随之而来的是不是也将有一个变动的世界文化秩序？儒家哲学的内涵价值及教育制度，对新世界文化秩序，堪称重大利好，可我们怎样才能改变今天对"儒学"的误解？我们怎样去对中国人和西方公众讲述从儒学经典中产生的重要意义？我们该怎样应对把儒学文化全盘抛弃、把"现代化"等同于"西方化"的挑战？

中国当代哲人赵汀阳敏感地意识到了不对称的中西文化比较研究的不良影响。这种影响一直存在，并在潜移默化中影响了人们的思想。赵汀阳劝诫中国与外国学者，要"重思中国"①。在这方面，有山东省儒学大家工程和孔子研究院的支持，"翻译中国"立项后，我们就双管齐下，启动了两个项目，旨在应对中西文化不对称现象的不良影响。

第一个翻译项目（"翻译中国 I"）是将当代最杰出的中国学者的著作翻译为英文后出版，把这些学者的思想介绍给西方学术界。我们组织了与我们志同道合的翻译团队参加到共同事业中来。在向西方学术界介绍当代中国最杰出思想家的宏伟事业中，我们开始做出自己的贡献。我们已多次举行以选择最佳思想家学术著作和探讨有关出版事宜为议题的会议，并开始进行这些著作的中译英工作。

我们的译者队伍具有外语能力和哲学素养，能够胜任高标准的英译出版工作。我们向纽约州立大学出版社做出推荐，由我和复旦大学德安博牵头，制订了出版一套"翻译中国 I"丛书的计划。到目前为止，我们从众多优秀学者中选出有待翻译（或者已经决定翻译他们的思想）的学者，包括

---

① 赵汀阳.天下体系：世界制度哲学导论 [M].北京：中国人民大学出版社，2001：1.

李泽厚、徐复观、陈来、张祥龙、赵汀阳等。

　　"翻译中国Ⅱ"是将过去已有中译本的我和罗思文的中西比较哲学与儒学著作重新翻译并出版（这些过去的译本的质量可能不够理想），当然也包括对我们的新作进行翻译出版，同时选择其他一些西方比较哲学家的著作，进行翻译出版。本书是我们团队所做的针对不对称中西文化不良影响的"翻译中国Ⅱ"系列的第一本。

　　我和罗思文一直致力于中西比较哲学阐释学研究。我们以比较哲学阐释方法，开辟新视野，纠正百年来以西方哲学文化为尊的对中国思想文化的不对称解读，消除误解，消除隔阂，增进相互理解，我们的大部分著作过去已被译为中文进行出版。遗憾的是，现有中文译本出于欠缺比较哲学专业视角等原因，存在错讹过多与艰涩难懂的问题，给中文读者带来阅读困难。此次重新翻译出版我和罗思文的比较哲学与儒学著作，目的正在于着力提高中文译本的可读性，便于中文读者理解我和罗思文等人的中西比较哲学阐释方法，把握中国思想传统在中西比较哲学阐释视域中更为恰当的形象。

　　被遴选为"翻译中国Ⅱ"项目作者的其他西方比较哲学家，同样具有相当深刻的思考。他们认为，中西文化的不对称状况及其发生的根源，是西方传教士传统的"基督教化"做法，还有以西方现代性理念解读中国并将其理论化、概念化的传统做法。这些学者已然投入到消除误读儒家哲学的不良影响的事业中，他们要让这古老哲学文化传统讲述自己的思想，发出自己的声音。为了提高"翻译中国Ⅱ"译作的质量，我们邀请、组织了具有中西比较哲学背景、英语能力较强的学者翻译团队，通过互鉴比照翻译与阐释结合的途径，向中国读者介绍中西比较哲学家视野中的中国思想与文化。

　　"翻译中国"是一项宏大的工程；这是项目启动后的第一个四年，我们正在起步。

安乐哲

田辰山　译

目 录

导　论

我们现今这个世界有太多的问题了。热爱这个世界的人会把这些问题归于政治和经济等方面，我们俩则确信，政治学和经济学都是基于某种道德框架的，而这种道德框架则基于个人主义或者其他的什么东西，这些东西都不再具有处理这些问题的能力，更遑论解决这些问题了。我们相信，新道德（包含一些非常旧的因素）是必需的。新道德的智力资源和心理资源，包含更多的是真实的人的希望、敬畏、梦想、抱负等，而非生活于眼下这种道德模式中的孤立的个人。对我们来说，角色伦理学是由古典儒家哲学教义激发出并根据现代感受而修正的，它可以构造出一种观念结构，为当下的道德生活提供基础。更重要的是，这种角色伦理可以为那些自由主义者或者保守主义者提供一个空间，信徒和怀疑论者可以共存于其中，这就为人类的政治、经济、环境、精神等提供了一个美好生活的景象，以一种更加具有合作性的方式，不带任何神学背景地提供有效的指导。

　　作为社会性动物，我们都在被其他人深深影响，这是大部分哲学观点公认的。但是，正如在道德和政治的（以及本体论的）层面上很少见到人性的存在，在古典和现代的论述中，这个社会维度被排斥也是有其原因的。在这个意义上，我们的社会自我没有显著价值，因为我们的现实处境实际上是无比重大的偶然事件——我们无法决定我们的父母是谁、我们的母语是什么、我们属于什么种族等等。因此，给予人类基本价值、尊严、正直、人生价值的，是我们积极行动和自我决定的能力，那就是我们的自主。当然，为了使人类真正自主，我们必须避免被本能或激情所支配，我们在做出选择的时候必须是自由而理性的。不过，这个关于人类的视角并不是符合每个人尊严的唯一视角。

一、儒家角色伦理学的源起

对经典儒家文本进行研究后，我们用"儒家角色伦理"替代"自主个人主义"，之后我们经年累月地共同工作，对儒家学说进行翻译和诠释。1991年，在纪念赫伯特·芬格莱特（Herbert Fingarette）的论文集中，罗思文（Henry Rosemont Jr.）写了一篇文章，提出"角色伦理学"的概念。他建议，如果把中国人视作活生生的角色扮演者，而不是抽象权利持有者的备选者，那么受过西方哲学训练的哲学家们在阅读儒家文本时可能会更加容易接受儒家学说。安乐哲（Roger T. Ames）继续深入扩展"角色伦理"的观念，将这一观念与家族中心观相结合，就得到了中国文化中的统治隐喻概念。罗思文接着安乐哲对家族的探讨继续研究，试图用更恰当的英语词汇去描绘这样一种道德，因为它在西方伦理学史上没有相应的参照物。罗思文进一步更新英文版的中国哲学词汇，让早期儒家学者更为清晰且忠实地发出他们自己的声音，同时传达适合我们当下社会的观念。安乐哲发展出双关语，来解释中国哲学词汇应如何理解。罗思文不再局限于哲学核心概念，而将思考的重点从概念和语言转移至"概念簇"（concept-cluster），特别是当它们被视为伦理学、政治学和宗教的限定时。正是在三个相互关联的主题——角色伦理学、家庭、语言／翻译的背景下，我们的通力合作得到了最好的理解：两本书（《论语》和《孝经》）的翻译、合著的文章，以及两本各自撰写的著作，即安乐哲的《儒家角色伦理学：一套特色伦理学词汇》（2011）和罗思文的《反对个人主义：道德、政治、家庭和宗教的儒学反思》（2015）。

最初，我们试图用能够描述自由、自主个体和角色扮演者的术语来阐释儒家角色伦理学——即使我们对自由、自主个体的怀疑越来越多——尤其是当我们着手翻译《论语》时。在翻译《论语》时，这种怀疑迅速得到强化，因为我们遇到了两个主要困境：（1）文本中有关作为角色承担者的人的行为的段落比比皆是，但这些段落几乎都是从人际关系而不是自由、自主的角度来描述人类行为的；（2）当我们进一步思考和发展角色伦理学观念，并开始将"人"的英文翻译由"human being"转换为"human becoming"时，我们几乎找不到什么作品是关于自由、自主以及有理性选择能力的个体如何做事甚至存在的。相反，我们越来越多地描述个人在自身扮演的诸多角色以及在与他人的关系中的恰当表现。这些角色既与文本有着很强的一致性和连贯性，也符合我们关于道德的日常经验，比西方道德哲学作品中关于英雄形象的抽象描述更符合实际，无论是过去还是现在。

在开始翻译《孝经》的时候，出于以下原因，我们想把自由和自主个体的概念一并抛弃掉。首先，当我们想把自由和自主个体自我的含义弄清楚并将其从旧心理学习惯中分离出来时，我们就更困惑了，这种困惑在现今的神经科学和社会心理学研究中与日俱增，如同在哲学中一样。其次，我们能够在不歪曲文本含义的情况下开展工作，同时在汉语和英语中构建孔子的形象，以便更通俗地解释角色伦理学是什么。再次，我们开始从哲学的角度讨论，是否要在伦理和政治理论中坚持个人自由优先的观念。自由理论（无意中）变得越来越清晰，个人自由优先的观念作为平等和社会正义的代价而得到强化，特别是在美国。因此，我们发现基于个人自由的关于所有平等和正义的道德观点，都可以在不同的社会中找到相似的观点。此外，虽然将《论语》解释为角色伦理会在一开始遭到某些怀疑，但我们目前尚未因文本的翻译或诠释错误而受到批评，在《孝经》的译释工作中也同样如此。更进一步来说，如果我们关于自由和个人自主是社会正义的代价的观点是对的，那么显然我们不会因将自主个人主义归于早期儒学而使人对它产生好感。最后，看上去似乎所有重要的善行已经全部由义务论者和后果主义者完成了。或者说，立足于个人主义的德性伦理学仍没有超出角色伦理学的范围，因此不能将孔子视为一个边缘的、次要的道德哲学家。"人"这个概念既然可以包含"自由"，那么根据奥卡姆剃刀原则，我们也就可以摒弃"自主个人概念"了。

我们相信，每一个值得生活的社会都必须以社会正义和经济平等为特征，因此，在最近的工作中，我们被要求完全放弃每一种伦理理论，这些理论基于我们称之为"基础个人主义"的东西，包括关怀伦理学，P. A. 克鲁泡特金（P. A. Kropotkin）的无政府主义，麦克斯·施蒂纳（Max Stirner）的严格个人主义理论，以及让-雅克·卢梭（Jean-Jacque Rousseau）、约翰·罗尔斯（John Rawls）、迈克尔·桑德尔（Michael Sandel）、阿拉斯代尔·麦金泰尔（Alasdair MacIntyre）、苏珊·奥金（Susan Okin）和查尔斯·泰勒（Charles Taylor）等人的理论。如果我们正确地认识到，所有以个人的自由和自治为基础的伦理和政治都极大地阻碍了社会公正的实现，以及当今世界面临的许多问题都以贫困和社会不公正为其根源，那么，我们就应该清楚地认识到，如果我们将早期儒家学者的思想归为个人主义的基础，那么这对儒家学说是极其不利的，因为如果那样，早期儒学在解决当代世界问题上就毫无益处，而我们也就只能出于欣赏古董的想法而去读《论语》了。

我们可能在某些或所有这些信念上都是错误的。也许存在一种以个人主义为基础的伦理和政治，它确实可以为社会正义和财富再分配奠定道德基础，我们将敦促那些持有这种观点的研究者继续努力发展他们的思想。但是，我们对此并不乐观，我们相信基础的个人主义是我们当代社会疾病的一个主要原因，而任何能接受它的理论都不能治愈这些疾病。到目前为止，我们还没有看到任何理论有这种可能性，那么在我们看到之前，我们将继续坚持以相互关联的人所生活的角色为基础的伦理学和政治学，这些人唯一不变的就是变化。

二、为什么不是自主个人概念

我们追求人类叙事概念的必要性源于以下事实：基于现代道德和政治哲学的自主个人的概念已经产生了至少四种有害的影响。

自主个人概念的第一个有害影响是，它使自由意志主义在西方的人数不断增加，在此基础上，它拒绝接受任何妨碍这种自由的正义概念，因为它认为这种自由从根本上来说是不道德的。自主个人概念为一个或多或少自由放任的全球自由市场资本主义经济提供道德基础，这种经济正在以指数方式增加现代民族国家内外人类福祉的总资产净值。只要保守主义者、自由主义者、社群主义者和社会主义者都继续用同样的自主个人的形式来反对自由意志主义，那么自由意志主义者将始终能战胜他们的挑战，并不受道德谴责。

自主个人概念的第二个有害影响是，它对西方知识分子的意识形态进行了垄断。基础个人主义是根深蒂固的，我们几乎不可能找到其他选择，除非是在一个明显的或多或少没有面孔的集体主义之中。在我们的政治和伦理话语中，以任何方式来看待人类（当然包括我们自己），而不是自由、自主和理性的个人（通常是自利的），已经变得异常困难，这使得在任何其他基础上都难以采取行动。事实上，把人类的本质特征和行为看作基本自由的、自主的、理性的个体是最容易理解的，从别无他法的意义上来说，这已经成为一种默认的意识形态。从这个意识形态的角度来看，社会关系和社会行为只有在被这样描述的个人认同的情况下才会被认为是正当的，或者说公正的。

因此，在这一意识形态中，共同体不是人类的自然状态之所由，也不是人类的自然状态之所趋，而仅仅是离散个体的人工构建。同样，在这种契约主义意识形态中，尽管程序和惩罚在我们至高无上的正义观念中起着主导作用，但任何挑战个人自主性的追求社会正义的努力都将被斥为欧洲的"社会主义"，任何朝着恢复性正义方向做出的姿态都可能被视为不值得的描述。只要这种个体的意识形态使我们对它坚信不疑，我们就不可能客观和公正地评价任何正义的概念。

自主个人概念的第三个有害影响颇具讽刺意味，那就是：它不兑现承诺。简而言之，以牺牲他人为代价来维护自身利益的行为很少真的能维护自身利益，而以牺牲自己为代价来无私地为他人利益服务的行为，最终对他人的贡献也微乎其微。一个人喝一瓶好酒，没有和朋友分享好酒那么愉快；如果自我克制是由利他主义引起的，那么"他者"得到的回报只会递减。我们将会看到，在儒家关于人的关系构成的概念中，好老师和好学生只能同时出现，你的幸福和你邻居的幸福也是相辅相成的。

根深蒂固的自主个人概念的第四种有害影响——也许是它最明显的危害——是自我实现预言的光环笼罩着这一意识形态：我们越是认为自己是自

主的个体，为了自己的利益而与他人联系，我们就越是朝着这样的个体前进，并最终真的成为一个个这样的个体。焦虑、疏离和暴力已经成为当代城市生活的特征，这是我们的家庭功能失调和我们未能将生活中相互关联的人转变为具有共同价值观和利益的社区的直接后果。

三、儒家角色伦理学何以可能

逻辑的起点很简单。在儒家角色伦理中，"联系"是一个事实。我们不是活在自己的皮囊里。我们所做的每一件事——身体上的、心理上的、社会上的——绝对是交互的和协作的。而我们所扮演的角色只不过是进一步规定和指明这种关联性的方式。儒家角色伦理呼吁由特定的角色来规范我们在家庭和社区生活中所采取的交往形式，也就是说，我们作为儿子和老师、祖母和邻居而扮演的各种角色。对儒家来说，这些角色是对我们社区的描述，而且一旦人被赋予某种角色，这种角色也是规范性的，因为家庭和社会中的角色本身就是规范性的，引导我们朝着适当的方向发展。一个人要么是好配偶，要么是坏配偶；要么是好老师，要么是坏老师。尽管简单的社会交往是一种必然的结果，但繁荣的家庭和社区是我们能够使这种交往状态成为人类最高成就的原因。

儒家角色伦理学对道德生活有一种全面而令人信服的观点，这种观点根植于我们的经验，并对我们的经验负责。

第一，儒家角色伦理学坚持"关系"的首要地位，并排除任何终极个体的概念。个人的离散性是一种概念上的抽象，严格的自主是一种误导性的虚构；而联系则是一个事实。放弃超级自我的概念，非但没有放弃个人的独特性，反而强化了它。也就是说，"自然类"（natural kinds）的说法通常支持一种共有的人性和与之相伴的本质自我的主张，这减少了我们在儒家的"人"的概念中所发现的差异。在儒家的"人"的概念中，"人"是由各种动态的具体关系构成的。

第二，儒家角色伦理学反对行为主体与行为本身分离的非批判性的实体本体论。仁的概念是儒家角色伦理学的核心，不需要中介/行动的二分法。仁需要的是对人的叙述，而不是分析性的理解。培养仁的方法是将自己的行为与身边人的行为模式联系起来，而不是按照抽象的道德原则行事。正是出于这一原因，它通常是不清晰的，你不知道它指的是一个完美的人还是一个有此行为的人，或者是一类人，也不知道它是单数还是复数。仁是一种无限的概括性，与其说它是对被称为"人"的这个群体的所有成员所特有的某些内在的和基本的要素的概括，不如说它是根据历史上那些完美的行为及其成就所得出的结论。事实上，"仁"是一个动名词，用来描述"人"（personing）。

第三，从根本上来说，儒家角色伦理学家认识到，身体在实现个人身份和完善行为方面起着不容忽视的作用——身体就像根或干，通过它，人类的行为得到滋养，变得光辉灿烂。"體"被简化为"体"——里面恰巧有根和茎的图形，旁边还有一个人，这可能并不是巧合。"身体"始终是人与世界、有机体与环境之间的协作，它既是肉体的又是生命的，既是可见的又是生活的，既是接受的又是响应的。不仅世界塑造我们的身体，而且通过身体的感觉器官，我们也在构造、概念化和理论化我们的经验世界。事实上，身体是一种媒介，通过我们的身体，我们的祖先和他们的文化仍然活着，因此保持身体的完整性在"孝"的所有条目中排在第一位。

第四，儒家角色伦理学强调道德创造力在思想和生活的完善中所起的至关重要的作用。在儒家角色伦理学中，我们受过教育，拥有创造力，利用我们所有的人力资源，直到我们能够发展出各种可能性后才实施行动，使我们作为人的关系实现最佳发展。简单地说，这种关系的发展才是道德的实质。

第五，儒家角色伦理学并不与德性伦理学或其他任何伦理学理论发生冲突，它是对道德生活的一种愿景，这种愿景反抗的是理论与实践之间的鸿沟。在阅读儒家经典时，虽然我们可以较为恰当地使用一组术语来对我们的行为进行批判性反思，但更根本的是，我们应该从文化英雄们（cultural heroes）的劝诫和模范作用中得到启发，从而成为更好的人。

四、《儒家角色伦理——21 世纪道德视野》总述

这里收集的 8 篇文章体现了我们共同努力的过程，同时也发展了我们的两个基本论点：首先，古典儒学从根本上被解释为一种角色伦理，而不是某种原则或性格特征，它是独特的，没有与之相近的西方哲学理论。其次，这种角色伦理学，经过适当的修改，可以包含通行伦理学理论所做的所有好的工作，同时可以避免它们的缺点，因此，在今天也许特别容易得到我们的青睐。在我们看来，尽管个人主义已失去了它的作用，但也不应该由极权主义来取而代之。

以下所有的文章都曾发表过：有些出现在选集中；有些在会议上宣读过，后来被收入各种论文集中。它们的创作时间跨越了大约四分之一个世纪，其中大部分创作于 2008 年至 2013 年之间。这些文章在这里只是大致按时间顺序排列，我们认为最好是按主题来排列。

第一篇文章《论翻译与解释：以古汉语文献为例》是 2008 年在拉脱维亚大学由弗兰克·克劳斯哈尔（Frank Kraushaar）组织的"西方东亚文化研究"（"Western Approaches to East Asian Cultures"）研讨会上由我们共同提交的。我们想以这篇文章作为本书的开始，因为它相当清楚地陈述了我们的方法论预设和我们使用的比较哲学方法，特别是对中国古代文献的分析方法。

第二篇文章《个人与人：权利享有者与角色扮演者》是由罗思文撰写的，这是为纪念赫伯特·芬格莱特而写的纪念文集《规则、仪式和责任》中的一篇，该文集由玛丽·博科夫（Mary Bockover）主编。该文集编于 1990 年，一年后出版，是我们共同写作的一系列作品中的第一本，在其中，我们开始将早期的儒家思想作为角色伦理而非伦理原则来关注。

第三篇文章《论"孝"为"仁"之本》发表于期刊《道》上面，这篇文章当时引发了一些讨论，后来在中国也持续引发讨论，即关于"孝"（family reverence）和"仁"（consummate person/conduct）关系的讨论，这也是我们第一次开始用"family reverence"来翻译"孝"，以取代旧译"filial piety"；用"consummate person/conduct"来翻译"仁"，以取代"authoritative person/

conduct"及其他类似的旧译。这篇论文经过修改和扩充，成为一年后出版
The Chinese Classic of Family Reverence: A Philosophical Translation of the Xiaojing（《孝经》英译版）的原动力。

第四篇文章为第三篇的后续，它是关于"孝"的最新讨论:《〈论语〉中的"孝":儒家角色伦理及其代际传承》。这是艾米·奥伯丁（Amy Olberding）收集整理的关于孔子和《论语》的论文集中的一篇文章。

第五篇文章《与家庭和文化同行:儒家思想的时间之旅》仍然讨论家庭和孝，这是罗思文于2012年在法国阿莱特莱班（Alet-les-Bains）的一次主题为"东西方的风景与旅途:哲学之旅"（"Landscape and Traveling East and West: A Philosophical Journey"）的学术会议上提交的论文。罗思文重点关注的是家庭在时间中的旅程，而不是家庭的空间性。罗思文的文章之后紧接着就是安乐哲的文章，它是该会议论文集的最后一篇文章。

将儒家思想作为一种角色伦理，在从事比较哲学研究的学者中仍然是一个富有争议的观点。接下来的两篇文章不仅讨论了我们的观点，还讨论了他者的观点。第六篇文章是《早期儒学是否符合西方"美德"标准》。它认为，西方对中国伦理的解释遵循了从以规则为基础的伦理转向以美德为基础的伦理的过程，并不是对早期儒学文本的最佳解读，但在当代西方道德哲学中，美德伦理可能是最先进的。

第七篇文章来自另一部文集，这是为纪念我们亲爱的朋友乔尔·库伯曼（Joel Kupperman）而写的，由他的两个学生李晨阳和倪培民编辑。我们的贡献主要体现在标题中:《碎镜或可重圆:从库伯曼的品格伦理到儒家角色伦理》。

第八篇文章是《负重而行:儒家文化的代际传承》，这是安乐哲在2012年法国阿莱特莱班会议上继罗思文之后发表的。在这篇文章中，安乐哲从通过时间来处理家庭和家庭记忆，转为在时间中获取、增强和传播文化从而实现代际传承。安乐哲指出，我们为西方读者解读儒家思想而做出的共同努力，即我们工作的性质，以及我们已经共同完成的大部分工作，是儒家学说的核心，我们认为这是最好的诠释，或者至少可以说，这是一种不同寻常的哲学主张。罗思文与安乐哲站在一起，我们相信，我们自己的主

张要更好一些，因为我们在探索和撰写儒家角色伦理的同时，一起在这个世界上开辟出了自己的道路。

我们的某些观点在本书中的不止一篇文章中被提到，这未免有重复之嫌。但是，这些论文最初是在不同的时间呈现给不同的读者的，因此在本书中我们没有为了避免重复而修改这些文章，而是选择了保留文章的原貌。

论翻译与解释：以古汉语文献为例

罗思文　安乐哲

意大利谚语"tradduttore，traditore"（翻译即背叛）是个不同寻常的表述——它本身就是自己的例证。即便在印欧语系内部，这句话也很难被恰当地翻译出来。"translators are traducers"（翻译者就是造谣者）可能是英语中最好的表达方式，但它的含义远不如原文清晰，也不像原文那样直白。[①]

　　我们认为，还有很多这样的例子。事实上，任何一种语言中的句子都很少能用另一种语言精确地表达出来。一部分原因在于，如果我们只关心句子的真值结构，那么即使在同一种语言中，也有许多不同的表达方式可以使用，比如：

　　　　John broke the window.（约翰打破了窗户。）

　　　　The window was broken by John.（窗户被约翰打破了。）

　　　　What John broke was the window.（约翰打破的是窗户。）

　　　　What John did was break the window.（约翰所做的就是打破窗户。）

　　　　It was the window that John broke.（这是被约翰打破的窗户。）

　　　　What was broken by John was the window.（被约翰打破的是窗户。）

　　　　What John did to the window was break it.（约翰对窗户所做的就是打破它。）

---

① 本文的一些材料取自 Ames & Rosemont（1998）。

It was the window that was broken by John.（这是被约翰打破的窗户。）

作者或说话者采用哪种方式来表达同一个事实，完全取决于语境和意图，因此，在目标语中选择要使用的特定句法形式时，译者必须对语境和意图都很敏感。不幸的是，语境和意图往往是不清楚的，因此，无论译者承认与否，他们都不得不从事大规模的解释工作（我们将在下面对此做更多的论述）。

翻译中遇到的语义问题很可能比句法问题还要多。即使在同一语系中，我们也很少能在源语和目标语之间找到精确的对应词，现代英语和德语尽管词根相似，但在词汇方面还是有显著差异的。例如，德语中的 kennen/wissen（知道 / 了解）在英语中就没有相对应的词。

公元前 6 世纪至 2 世纪左右的古典（classical）汉语与现代英语的巨大差异，在句法和语义方面显得尤为突出。[①] 对这两种语言之间的差异，不同的译者可能有不同的看法，我们认为，所有的译者都有责任告诉他们的读者，他们所理解的语言的本质是什么。[②] 此外，我们认为，翻译工作者应提供他们对人类语言本质的基本理解。行为主义的观点与生成主义的观点有很大的不同，这两者都与结构主义的观点不同，而行为主义、生成主义与结构主义这三者又都与语言的解构主义的观点不同。我们首先简要概述语言的解构主义，然后将具体针对中文进行阐释。我们要提醒读者，我们的观点并非没有争议。也有一些译者，他们的工作值得我们尊重，但他们不同意我们对待翻译问题的哲学方法（口译中的情况有时也是如此，我们后面也会进行讨论）。

我们有必要指出口语和写作之间的一些差异，这是非常重要的，在从

---

① 之所以特别说明这些，是因为对于在何时、何处用"classical"而不是"archaic"或"ancient"来指代中国古典文本所使用的那种语言，学界并没有达成一致。中国人自己称那种语言为"文言"，即"literary Chinese"（书面中文）。

② 何莫邪（Christoph Harbsmeier）不同意我们的观点，他写了一篇很长的文章，概述了汉学家对汉语本质的几种普遍看法。他的那篇文章收录于 Needham & Harbsmeier（1998）。

事翻译工作时必须牢记这些差异。有一个明显的事实，就是所有的文化都有口语，但是目前，有文字系统的文化相对来说就比较少了。毫无疑问，从某种意义上来说，写作是人为的，而口语却不是。我们仅仅通过接触就可以学习和理解我们的母语；除非有某种障碍，我们一般不需要专门学习自己的母语。但是，阅读和写作不是自然的，我们必须学会通过不同的感官来掌握事物，即通过视觉和触觉，而不是听觉和口语。如果没有具体而详尽的教育，我们仍然会是文盲。

此外，我们认为，所有的人类语言在抽象而实质的层面上会有许多共同特征，其中最重要的是句法结构，这些特征限制了单词的排列方式，同时也使说话者能够创造性地表达自己的思想。因此，我们赞成转换生成语言学的观点。

让我们以一个句子为例：

The boy walked up the hill.（那男孩走上那座山。）

如果我们把副词"slowly"（慢慢地）加到这个句子中，我们会发现，它可以放在七个位置上：在句子的开头、结尾，或在单词之间的五个空格中的任何一个位置。

但并非所有这些位置都能使句子符合语法规范：

① Slowly the boy walked up the hill.（慢慢地那男孩走上那座山。）

② The slowly boy walked up the hill.（那慢慢地男孩走上那座山。）

③ The boy slowly walked up the hill.（那男孩慢慢地走上那座山。）

④ The boy walked slowly up the hill.（那男孩走慢慢地上那座山。）

⑤ The boy walked up slowly the hill.（那男孩走上慢慢地那座山。）

⑥ The boy walked up the slowly hill.（那男孩走上那座慢慢地山。）

⑦ The boy walked up the hill slowly.（那男孩走上那座山慢慢地。）

对于英语句子来说，①③④和⑦合乎语法，但②⑤和⑥不合乎语法。^①对此，我们该如何解释呢？简而言之，在英语中，语法结构（名词短语、动词短语、介词短语等）必须保持完整，错误的句子违反了完整性，而在①③④和⑦中，副词放在这些短语的前面、后面或中间，因此没有错误。^②

有必要指出的是，书面语不仅仅是（有时候并不主要是）口语的记录。在古代，并没有什么间接性的讲话被抄录，也没有报纸头条、广告等载体。这个语言特性对理解古汉语尤为重要，在儒家经典中更是处处可寻，例如《论语》中的"子曰"。最重要的是，几乎所有自然语言（口语）的特点都是能够清楚地表达语法关系；如果没有语言的这个特性，上面这个"慢慢地"的例子就无法解释。但古汉语没有这个特点，如果没有特定的上下文，语法关系就不能清楚地表达出来。

另一个同样重要的原因是，我们并没有把书面古汉语看作口语的抄录。几乎没有直接证据能够表明，日常的口语交流是以书面语为媒介的。在我们看来，也不可能存在这样的情况，因为古汉语里面同音异义词多得出奇，仅凭耳朵几乎无法辨别（即使在不使用双关语的情况下）。从听觉感官的角度来说，许多语义上毫不相关的词会用完全相同的语音来表达，即使考虑到音调差异也是如此。

但这并不是说，在编写和编辑经典文本的不同时期，汉语口语和书面语完全是脱节的。显然，《诗经》就是对声音的记录，而且在早期的文字记录中就已经发现了借音词。也许有一两个孔子的弟子把孔子的话原封不动地引用下来，保存到传世文本中。但从根本上来说，不应把书面古汉语看作口语的抄录。起初，古典语言中有多音节的辅音结尾，这些结尾在现代

---

① 在中文里则是①③⑦合乎语法，②④⑤和⑥都不合乎语法，中文的副词只允许修饰整个句子（句前或句后皆可）或者修饰动词。中文的语法结构不像英文那么固定，所以如果允许对句子稍稍做一些改动，我们可以让剩下的4个句子也全部符合语法规则：

②"那慢慢的男孩走上那座山"。

④"那男孩走得慢慢的，走上那座山"或"那男孩走得慢慢的，上了那座山"。

⑤"那男孩走上慢慢地迎面而来的那座山"。

⑥"那男孩走上那座慢慢地迎面而来的山"。

这种有趣的比较除了可以进一步证明作者对语言和翻译的看法以外，也可以表现中文语法关系的灵活性与兼容性，所以说中文更依赖于语境。——译者注

② 有关这些观点的更完整分析，参见 Rosemont & Smith（2008），特别是第二章。

语言中已经不存在了，即便如此，同音异义词的数量还是很大。两个甚至七个不同的汉字含义不同，发音却相同，这种情况简直随处可见（Karlgren，1966）。单纯依靠听，很少有人能理解一篇古典文章，除非你之前读过它，并且能够将它置于当下的语境中。因此，古典文学的语言从根本上来说就像一个好孩子：主要是为了被人看见而不是被人听见。

对书面英语的本质稍微思考一下，就可以知道书面英语除了包含发音成分之外，还有一个视觉成分。萧伯纳（George Bernard Shaw）要求英语拼写实现纯音标化，但这个要求从来没有得到过满足，对此我们应该感到高兴。诚然，我们一开始很难看出他编造的单词"ghoti"应该读作"fish"（enouGH, wOmen, attenTIon）①，但通常英语拼写提供的语义信息并不少，甚至往往还要多于语音信息。例如，如果我们知道"nation"是什么意思，我们就可以很好地猜测"national"可能是什么意思，但它们的发音不同。这句话同样适用于英语中的许多常用词：photograph/photography，anxious/anxiety，child/children，等等。

我们认为，古汉语与其他所有语言的不同之处在于，以其他语言为母语的译者忽略或忽视了另一种具有重要哲学意义的方式：古汉语更像是一种基于"事件"（event）的语言，而不是基于"事物"（thing）的语言，这更像是希伯来语，而不是印欧语系中的大多数语言。我们已经在别处论证过这一观点，在此就不再赘述了，而是提出一个相关的主张，即中国早期思想形而上学的性质反映了中国语言的结构性质。在中国早期的思想中，很少有实体或本体论——"存在"（being），而更多的是事件、过程的"生成"（becoming）。当然，很多英语名词都可以"动词化"，但在古汉语中，几乎每一个汉字都可以用作名词和动词，同时也可以用作形容词或副词，也就是说，脱离了语境，汉语词汇的语法功能是无法确定的。只有当动词在翻译中占据主导地位时，古汉语的语言活力才会在英语中得到充分体现。因此，"子张问政"不是"Zizhang asked about government"（子张问关于"政府"

---

① "ghoti"是萧伯纳生造的词，用来调侃英语的发音与拼写不一致的现象。人们看到"ghoti"这个词，一般以为应该发类似于"goatee"（山羊胡）的音，但萧伯纳认为这个词应该发"fish"的音，理由是"gh""o""ti"在"enough""women""attention"这三个词中的发音拼起来恰好是"fish"的音。——译者注

的问题），而是"Zizhang asked about governing effectively"（子张问关于"政府的有效管理"的问题）。

我们对古汉语独特性质的观点还有一些阐述，这些观点超出了翻译问题。如果上面的问题延续下来，我们就会发现，我们所读到的书面文本并不能很好地反映出当时口语的语法模式；我们猜想，这可能是因为同音字的使用有着非常悠久的历史，即使同音的两个汉字在书写的时候也很少会被混在一起。另外，用更适合表示声音的字母系统来代替汉字的书写系统是一种愚蠢的主意，因为现代汉语中音调相对更少，拥有不同音调的语素将会更加难以用字母来表达。后一个问题出现的时间相对较短。很多情况下，即使考虑到音调，一个语音也常常对应很多不同的汉字。

我们关于英汉对照性质的论述，可以推广到所有的翻译工作中：如果离开对文本的解释，就不可能把文本从一种语言翻译成另一种语言。在我们自己举的例子中，我们常常会把古汉语不强调名词的现象与古汉语思想中缺乏概念、内容和本质的现象等同起来。同样，如果"事件"（events）处于语言舞台的中心位置，那么在伦理学方面，主人公也将由"关系人"（relational persons）而不是"个人自我"（individual selves）来扮演。美学表现力（不单是文学意义上的）可能更看重细微差别和模糊性，而不是精确性。[1]

谈到译者所面临的语义问题，长期以来人们一直抱怨一种语言中的许多术语在另一种语言中没有对等词，这就需要在目标语言中使用更长的表达方式，以避免目标语与源语的细微差别可能带来的语义模糊问题，这里很明显：解释从一开始就影响了翻译。

举一个重要的哲学例子。在古汉语中，没有一个词能与英语中的"moral"（道德的）在意义上等值。事实上，译者们在古汉语中的确找不到与其相对应的词，虽然从某些汉字中可以引申出"moral"的含义。根据这一情况，大多数西方哲学家拒绝承认中国的思想家为哲学家，理由是：如果孔子关心道德问题，那他为什么不提出关于选择（choice）的问题？除了那

---

① 关于"美学"一词在我们理解中国思想时的重要性，参见 Hall & Ames（1987）。

个否定性的道德金律 ①，《论语》中还有哪些道德理论（moral principle）？为什么他似乎没有意识到道德讨论中的自由（freedom）问题？当不同道德准则发生冲突时，他没有看到困境（dilemma）是如何产生的吗？为什么他总是模糊我们行为的公共领域（public realm）和私人领域（private realm）的区别？

这些都是严肃的问题，因为如果不使用这里提出的一系列概念，我们就很难思考道德问题。但这些术语没有一个可以在古汉语里找到词典意义上的等值术语，而在当代英语中，关于道德问题的话语所必需的一些其他术语也是如此：

自由（liberty）、对 / 错（right/wrong）、理性（rational）、客观 / 主观（objective/subjective）、应该（ought）……

但是，与其认为孔子头脑简单或极度天真，我们更倾向于假定他在描述、分析和评价人类行为时用了一套完全不同的词汇，他在对人类所生存的世界的预设方面有着与西方完全不同的背景，而很多个世纪以来西方人对此已经形成了自己牢不可破的标准。上面列出的英文术语构成了什么？我们称之为"概念簇"，它们以道德为中心。早期儒学著作在描述、分析和评价人类的行为方面设置了一个与此不同的概念簇，其中心内容是"仁"，包括心、孝、德、信、君子、知、小人、义、诚、礼等。所有上述术语在英语中都是多义词，因此在进行翻译时，我们不能孤立地看待每一个汉字，它们中的任何一个都要与集群中的其他术语相关联。它们中没有一个能很好地或很容易地融入"moral"的概念簇中。它们形成一个相互渗透的网络结构，这个网络结构是所有译者在从事翻译工作时都应该注意的问题。

我们对"概念簇"的看法，以及"概念簇"在翻译方面的重要性，可以通过其他例子看得更加清楚。在乔叟时代的英国，以"honour"（荣誉）为中心形成了一个概念簇，这个概念簇对人类的行为进行描述、分析和评价，

---

① 指"己所不欲，勿施于人"。——译者注

包括 "villein"（佃农）、"shent"（被羞辱的）、"sake"（缘故）、"varlet"（侍童）、"boon"（益处）、"soke"（司法权）、"sooth"（真正的）、"chivalric"（骑士精神的）、"gentil"（亲切的）以及 "sinne"（罪恶）等术语。这些术语中有一些仍为英语使用者所熟悉，但它们的含义已经有所变化了（gentil/gentle，sinne/sin）；有一些我们仍在使用，却已不知其含义（sake）；有一些我们在读关于罗宾汉（Robin Hood）或亚瑟王（King Arthur）的故事时会跳过去（varlet/boon）；还有一些我们已完全不知其含义了（soke/shent）。

我们在古希腊发现了另一个概念簇，在这个概念簇中，规模庞大的道德哲学体系是以 "virtues"（美德，古希腊语为 "aretai"）为中心增长起来的，其中以亚里士多德哲学的相关术语最为典型，如 "eidos"（理念）、"dike"（正义）、"logos"（逻各斯）、"akrasia"（意志薄弱）、"phronesis"（实践智慧）、"eudemonia"（幸福）、"agathos"（好）、"nous"（努斯）、"psuche"（灵魂）、"eros"（情欲）。

在古代印度，印度教思想和佛教的各个层面都使用了一个以 "dharma"（达摩或法则）为中心的概念簇，这个概念簇包括 "varna"（赞颂）、"moksha"（解脱）、"samadhi"（三昧）、"samsara"（轮回）、"skhandas"（阴魔）、"nirvana"（涅槃）、"dukkha"（苦）、"bodhi"（菩提）、"anatman"（无我），当然还有 "karma"（业力）等。

我们确信，以上这些例子说明，概念簇可以成倍乃至数十倍地增进我们对文本的理解和翻译，这些文本立足于一个与我们完全相异的概念背景，并且帮助我们理解 "他者" 之作为 "他者" 的属性，而不是将其视为一种完全莫可名状的 "异类"，或者更恶搞一点，变成我们自身思维的简化版。

细心的读者可能已经注意到，我们在这里几乎可以互换着使用 "term"（术语）和 "concept"（概念）。当然，这两个词有不同的含义，对我们哲学翻译工作者来说，对概念的把握不准不能归咎于作者本人或者外国编辑，除非文本中本来就包含概念的词典式含义。假设孔子的文本中有一个与当代英语中的 "morals"（道德）相类似的概念，那么结果就是，要么剥夺了孔子的独特性，要么让他显得头脑简单，从而使得翻译者不能很好地理解他要教给我们的东西。

但这并不是结束。假定用外语写作的作者和我们一样有思想，却没有用与我们一样的词来表达这些思想，那么这种假定本身就是一种危险的方法论。有什么文本依据可以表明孔子有"morals"（或者"karma"）的概念？《道德经》的作者（们）有"freedom"（自由）的概念吗？难道有证据表明《博伽梵歌》的作者们也有"仁"的概念？

很长时间以来，哲学家们在这个问题上一直持语言学和认识论的观点。在一些人看来，我们的立场似乎"对婴儿不公平"，意思是我们往往在婴儿还没有学会用语言表达概念时就已经把概念强加给他们。在某些情况下，为了使译文更加清楚和连贯，若假定某一个单独的概念确实是某一文本的作者所特有的，也是合理的。但概念簇的提法，可以防止其他语言中的相关语素变成译者眼中罗夏测试里的墨迹①：我们坚持指出古汉语里缺乏与"moral"在意义上等值的词，这个意义立足于一个事实，即当代英语文本中与"moral"相关联的其他术语也无法在古汉语中找到对应词。

翻译本身就是诠释的过程，从概念簇的角度来思考是十分重要的，这两个问题推动了我们在重新翻译中国经典方面愉快的合作。我们的出发点在于，在儒学被引入西方学术的过程中，人们对概念簇所设定的解释语境没有给予足够多的关注。西方学术界用西方的价值观改写了儒学的关键哲学表达和艺术方面的术语，这些表达和术语并不是儒学原本所有的，这就降低了儒学的学术性，必然成为一些人眼中具有基督教性质的形式。让我们看看这些翻译的标准公式吧："天"是"Heaven"（天堂），"礼"是"ritual"（仪式），"义"是"righteousness"（正直），"道"是"the Way"（道路），"仁"是"benevolence"（仁慈），"德"是"virtue"（美德），"孝"是"filial piety"（虔诚），"理"是"principle"（原理），等等。总而言之，这样一个词汇群（vocabulary cluster）让人联想到一个预先设立的、单一秩序的、神灵认可的宇宙，它由正义的上帝之手引导，理应得到人类的信仰和服从。

后来，一些学者努力从基督教土地上，拯救被连根拔起并移植于此的儒家思想。但结果往往是通过东方主义的棱镜来重建儒家思想及其价值，

---

① 罗夏测试是一种心理测试，用一组由墨迹形成的图形来检验被试者的心理和精神状况。——译者注

这种东方主义表面上希望保持儒家思想的完整性，但往往将其降低为一种世俗的人文主义。或者更糟的是，将儒家哲学理解的包容性和临时性解读为无结构性和不确定性，降低了其在神秘主义和超自然方面的整体洞察。

结果，这个明显的基督教化和东方主义化的儒家词汇表，在西方的高等教育和研究体系中，就被定位为一种宗教学和区域性研究，而不是定位为哲学课程体系的一部分。相应地，儒家文本的英译本也被放置在书店和图书馆的角落里，被当作一种疑似"东方宗教"的新鲜玩意儿来对待。

为了给这些儒家术语提供一个更细致的解释，以使同样的术语在不同的语言中亦能显现出细微的不同之处，20世纪的儒家学者钱穆坚持认为，这种表达独特而复杂的儒家道德生活观的词汇表，在其他语言中根本没有对应的词汇（Dennerline，1989：9）。钱穆提出这一主张，并不是在提倡文化的纯粹主义和不可通约性；相反，他认为，只要有足够的论述，儒家世界就可以在很大程度上为外界所"欣赏"。钱穆的主张代表的是一种传统的独特性和价值，它通过几千年来人们的生活经验来界定其富于艺术性的术语系统，并预见到我们必须面对这样一个事实：我们会试图用其他语言来捕捉儒家复杂的、有机联系的词汇，而不是对儒学进行实质性的限定和解释。

另有一些儒家传统的早期解释者，他们与钱穆一样，坚持认为儒家哲学具有永恒的价值，但他们却从根本上不同意钱穆关于翻译难度的看法。例如张隆溪，这位渊博的学者坚信，虽然文化与文化之间找不到严格的"同一性"（identity），但我们却可以找到它们之间的"等值性"（equivalency）：

> 中国和西方在语言和文化上的差异是显而易见的，从词源学意义上来说，这些差异是像"拦路虎"（obviam）一样的障碍物，而翻译所面对的工作，就是在瞬息万变的表面差异的背后发现等值的语言结构，为理解和交流扫清道路。（Zhang，1999：43）

使这些等值结构得以可能的，是承认不同的文化之间有着相同的思维：

> 针对这种对差异和文化独特性的过分强调……我试图为语言和文

化的基本可译性辩护。……只有当我们承认不同的民族和国家有相同的能力去思考、表达、沟通和创造价值时，我们才能够真正摆脱种族偏见。（Zhang，1999：46）

我们坚持一个观点，即在翻译过程中对解释性语境的尊重是整个翻译工作中不可或缺的。如果我们尊重不同传统之间丰富的差异性，如果我们要尽最大的努力来避免文化在翻译过程中被简化，那么钱穆等学者对厚重的文化普遍论的对抗就是必要的。我们认为，在一种文化中，词是不断涌现的，就如同树枝一样；不断涌现的词有其默认的前提，就如同大树扎根并生长于深厚而相对稳定的土壤，那就是人们在一代又一代的时间里沉淀下来的那些活生生的语言传统、习俗和生活方式。进一步来说，我们需要强调一点，即现在对这种文化差异性的排斥也并非完全无辜。文化的差异性才是文化的基本特征，它曾经是一种反对"本质主义"和"相对主义"的保障措施。事实上，具有讽刺意味的是，这种对文化普遍论的敌对会导致对自身文化前提的不加批判的本质主义倾向，并将其强行移植到对其他文化传统的思维方式和生活方式的解释之中。

我们这些自认为是文化多元主义者（而非"纯粹主义者"）的人与张隆溪有所区别的地方是：我们认为，他关于文化传统之间如何翻译的基本假设，有几个令人苦恼的含义。首先，有人可能会说，张隆溪真正担心的"本质主义"（essentialism）怪物，就像哲学上具有严格意义的"普遍主义"（universalism）概念，大体上就是一种文化上的特别的变形（culturally specific deformation）。事实上，普遍主义与"先验假象"（the transcendental pretense）密切相关，在达尔文主义之前的西方哲学叙事中被普遍视为谬论，与约翰·杜威（John Dewey）所称的"哲学谬论"（the philosophical fallacy）异曲同工。毕竟，如果我们倾向于相信有一些作为"本质"（essences）的东西（things），我们就只能"本质化"（essentialize），而不是类推（analogize），但"本质"只是一种思考事物的方式，它本身并不适合中国古代那些思想家。本质主义本身源于我们所熟知的古希腊人对本体论的假设，即"关于存在的科学"（the science of being），还源于严格的同一性（identity）作为个体性原则（principle of individuation）的应用。正是这种"本质"的概念，奠定了柏拉图哲学的理念论（idealism）和亚里士多德学派关于自然分类的"种"（即形式，eidos）学说的基础。

张隆溪还强调，不同的民族、不同的文化在思考能力上是"平等的"（equal），而思考的目的则是包容、解放和尊重。虽然这样的说法对某些人来说是对的，但它绝不是无害的。让其他一些具有文化传统的人按某种特定的模式来思考，就相当于说具有这些传统的人不知道如何思考。这实际上预设了一个前提：我们自己相信世界上只有一种思考方式，这种思考方式当然就是我们的思考方式，而我们的思考方式就是唯一的思考方式。为什么要这样设定？其他文化必须以我们的思考方式来思考——我们这种不加批判的假设正是本质主义和种族中心主义的定义。我们认为，对不同文化的认识和欣赏在生活和思维中所达到的不同梯度，是激励文化翻译活动的首要因素，而这种努力终将获得回报。从文化意义上来说，思维方式应该是多元的而不是相对的，是融通的而不是傲慢的。如果比较研究是要向我们提供它所承诺的双方共同的财富，我们就必须努力发挥想象力，按照不同文化各自的特点来接受它们，并充分欣赏它们之间的差异。出于这个目的，正如我们前面提出的，不同的文化有不同的基础概念簇，以及不同的思考方式——以使人成为完美的人。

如果承认阿尔弗雷德·诺斯·怀特海（Alfred North Whitehead）所说的"抽象的危机"（the perils of abstraction），那么当我们能够在实在（concreteness）与抽象（abstraction）之间找到恰当的平衡点时，我们就可以为那种丰富的审美和谐辩护了。它介于独一无二的细节与开阔而丰富的一致性之间，需要我们发挥想象力来识别和尊重文化与文化的差异性；没有这些千变万化的差异性所提供给我们的无限可能性，我们就只剩下一堆毫无生气、平淡无奇、千篇一律的东西。①

张隆溪的愤怒似乎源自诸如芮沃寿（Arthur Wright）和谢和耐（Jacques Gernet）（也包括我们）这样的解释者，这些人持"从根本上截然不同的思维方式和语言方式"（张氏的语言）的论调，声称中国文化和西方文化之间的差异是"表达抽象概念的能力，与缺乏这种能力的差异"（Zhang, 1999：44）②。对于张隆溪来说，有些人在不同程度上强调抽象思维的功能与价值，实际上明显是在贬低中国的语言和文化：

> 从这一提法来看，汉语似乎是一种针对具体事物和特定对象的语言，它陷于物质之中而不能超越物质性，不能达到精神性的高度。对汉语的评判标准并不在于汉语在翻译特定的外来语词汇和概念时的表现，而在于（一些人）对汉语的根本性质和能力的整体评判。（Zhang, 1999：45）

我们在阅读张隆溪著作的时候发现，他接受了二元论的假设，这样的假设有两个，都以古希腊本体论的传统为基础。首先，在驳斥"从根本上截然不同的思维方式和语言方式"这个论调上，他更倾向于将文化的差异性定位于"内容"和"目标"方面，而不是主观的工具层面，仿佛思想与思想的内

---

① 为了说明差异对于和谐的重要性，《左传昭公二十年》论述了烹饪、音乐和不断发展的文化谱系：

齐侯至自田，晏子侍于遄台，子犹驰而造焉。公曰："唯据与我和夫！"晏子对曰："据亦同也，焉得为和？"公曰："和与同异乎？"对曰："异。和如羹焉，水火醯醢盐梅以烹鱼肉，燀之以薪。宰夫和之，齐之以味，济其不及，以泄其过。君子食之，以平其心。君臣亦然。君所谓可而有否焉，臣献其否以成其可。君所谓否而有可焉，臣献其可以去其否。是以政平而不干，民无争心。故《诗》曰：'亦有和羹，既戒既平。鬷嘏无言，时靡有争。'先王之济五味，和五声也，以平其心，成其政也。声亦如味，一气，二体，三类，四物，五声，六律，七音，八风，九歌，以相成也。清浊，小大，短长，疾徐，哀乐，刚柔，迟速，高下，出入，周疏，以相济也。君子听之，以平其心。心平，德和。故《诗》曰：'德音不瑕。'今据不然。君所谓可，据亦曰可；君所谓否，据亦曰否。若以水济水，谁能食之？若琴瑟之专一，谁能听之？同之不可也如是。"饮酒乐。公曰："古而无死，其乐若何？"晏子对曰："古而无死，则古之乐也，君何得焉？昔爽鸠氏始居此地，季荝因之，有逄伯陵因之，蒲姑氏因之，而后大公因之。古者无死，爽鸠氏之乐，非君所愿也。"

② 实际上，Ames & Rosemont（1998：39-43）认为，书面语言具有独特的抽象性，因语义的超负荷而产生了一种丰富的模糊性，需要读者在阅读中消除歧义。

容在某种意义上截然二分，人类及其"理智"（mind）也不再被仅仅定义为包容一切的普遍性，而是独立于宇宙、具有价值意义的人。这种区别在于，思维方式本质上是与思维内容相分离的，这是由人类思维的一些前文化能力（pre-cultural faculties）和构成思维的一些先验范畴所决定的。这样，理智（mind）/身体（body）、理论（theory）/实践（praxis）的二元论从未在中国古代阴阳宇宙论中发生作用，因为在阴阳宇宙论中，精神/身体（心/身）、理论/实践（知/行）是在经验中相互合作、相互连接、互为必要条件的。实际上，经验的连续性和整体性被定义为"体"（forming）与"用"（functioning）、"变"（flux）与"通"（persistence）这种排除任何严格的二元对立的宇宙论设定。

张隆溪的批评中隐含了一个必然的前提，这同样是一种深刻的二元论，即在我们的日常生活中，由这种本质化的心灵概念所承载的理论和精神理念要优于实际的效用，而这种抽象性可以使我们更加接近上帝。从某种意义上说，像智力工作这样的抽象概念比具体的经验更真实、更精练，为我们提供了一种知识的能力，这种能力不受这些抽象概念背后不断变化的世界影响，即便从儒家的观点来看，他们也应该拥护这一点。事实上，张隆溪是赞同神学本论传统的优越和自负的，神学本论传统将自己定义为专注于抽象——相对于人类追求实用智慧，以及在实用智慧基础上所产生的精神和宗教感知替代物而言，神学本体论假定自己对人类经验的解释更加高贵，精神境界更高。

具有讽刺意味的是，张隆溪对儒家哲学的肯定，恰恰是20世纪以及21世纪诸多西方哲学家一直在努力从我们的叙事传统中清除出去的那种长期残存的谬误。随着当代西方哲学内部批评的激烈展开，当代哲学家正试图逆转理论前进的步伐，以便重新拾起被扔在身后的东西。的确，最近西方哲学有向应用伦理、美德伦理、道德排他主义、关怀伦理、实用主义伦理学等方面转向的趋势，对身体和情感的关注更是重中之重，这一切都指向对生活经验的整体性恢复，以及在抽象和具体之间重建一种适当的平衡，以恢复实践智慧的独特价值。①

　　这一切并没有完成。张隆溪还忽略了一个重要的地方，我们可以借用费尔迪南·德·索绪尔（Ferdinand de Saussure）关于语言（langue/language）和言语（parole/speech）的区分来说明这种关系。这个区分包含两个方面：一方面是不断进化的、理论的、由概念结构形成的语言系统，它是几千年来的智慧结晶，使言语（speech）成为可能；另一方面则是自然语言的实践活动，它存在于我们日常的、私下的言谈行为之中。② 作为多元主义者，我们需要借助这种区分以申明我们的主张，即在汉语的发展中，并没有任何一个概念或术语可以用来抓取亚伯拉罕宗教中"神"的概念。同时，我们必须坚持认为汉语拥有全部语义和句法资源的整体性，才能对这一观念做出公正的解释。我们这里所说的汉语在语言（langue）层面的缺陷，恰恰是钱穆所持的西方词汇不能充分表达儒学的说法：你不能用英语或德语表达"义"，尽管关于它你可以表达很多观点。

　　我们主张，不同文化在抽象概念方面的差异有其相对的价值。张隆溪在否定这一点时，无意中也杜绝了对儒学的批评，而这些批评在我们看来是完全合适的。他实际上阻碍了对儒家思想局限性的有益的批评，从过去到现在，从西方到中国，这类批评都是不少的，哲学家伯特兰·罗素（Bertrand Russell）、社会学家金耀基（Ambrose King）就是其中比较有代表性的。在本文中，我们打算与这些学者并肩作战，共同提倡和复兴儒家道德哲学，来应对现代世界的复杂性，也将对其传统重心的补充落实在家庭情感（family feeling）上面。这既是道德能力的切入点，也是道德能力的要点，是一种更为强健的、可调节理念的框架，旨在预防滥用亲情关

---

① 　例如关怀伦理，可参见 Gilligan（1982），Noddings（2003），Walker（2000），Held（2007）。类似的还有实用主义伦理学近期一些重要的基础性工作，例如 Lekan（2003），Fesmire（2003）。在道德排他主义方面，可以参见 Hooker & Little（2001）。Shusterman（1996，2008）讨论了教养与礼仪在人格培养方面的必要性。此外，罗伯特·C. 所罗门（Robert C. Solomon）在情感哲学领域也取得了相当卓越的成就。

② 　我们之所以"借用"索绪尔的这个区分，是因为我们不同意结构主义的分类方式，那会导致语言（langue）和言语（parole）之间严格的分离。相反，根据米哈伊尔·巴赫金（Mikhail Bakhtin）的看法，我们会看到语言的这两个维度是在相互塑造中发展的，是一种辩证关系。言语会慢慢地改变语言的结构，而这种结构的变化又为言语的形成提供方向性影响。

系而导致的裙带关系、任人唯亲及其他形式的社会与政治腐败。正如亲密（intimacy）需要诚信（integrity）的约束性补充，具体的家庭情感也需要某种更普遍的理念的引导性补充。

同样，反对张隆溪主张的提供解释语境的观点也可以通过这种方式来总结。我们认为，对于尽力提供解释语境以便做出负责任的文化概括的行为来说，唯一比这更危险的，就是不做这种概括。概括并不会摒弃对不断发展的文化传统的丰富性和复杂性的欣赏；事实上，概括只是找出和呈现特定的文化细节，并根据内容的厚度勾勒出粗略的历史发展。在文化比较中没有其他选择，只能采用一种开放的、解释学的方法，这种方法可以根据解释域中产生的新信息随时修改临时的概括。

最近，著名的汉学家葛瑞汉（Angus Graham）特别提到了古汉语，他的结论是，在对气宇宙论中的多事流变进行叙述时，古汉语的句子结构使我们置身于一个充满过程的世界中，在其中我们会问："这是什么地方？"而在它动的时候又会问："什么时候？"（Graham，1990：408）正因为如此，我们一贯主张一种全面的、叙述性的理解，比非时间的、本质的、分析式的理解更能揭示潜在的文化假设。

如何填补我们的各种语言与它们所暗含的世界观之间的鸿沟？如果路德维希·维特根斯坦（Ludwig Wittgenstein）所说的"语言的局限性就是对世界的认识局限性"是有道理的，那么也许我们需要有更多的语言。通过对"logos""nous""phusis""kosmos""eidos""alethea"等古希腊词语进行细致入微的理解，我们能够在一定程度上支持勒内·笛卡儿（René Descartes），以一种更精致的方式，用当时人们使用的术语来阅读古典希腊文本。中国古代文本的关键哲学术语原本就有自己的词汇表，通过生成和使用这个词汇表，我们就能够更好地定位这些根本性的经典，使它们呈现出自己的智慧之景。

哲学解释者们必须让那些学中国哲学的学生敏感地意识到中国哲学概念簇的不同寻常之处，这不同寻常之处在于它的前提假定，正是这些假定使得中国哲学的叙事方式与西方的叙事方式截然不同。这些假设为哲学词汇提供了信息，并为它们的含义设定了界限。但这些一般性假设是必要的和不变的吗？当然不是的，但这并不意味着我们不需要用诠释学的敏锐来防范文化简化主义的风险，以至于直接进行大胆的文化比较工作。解释者如果没有一种自我意识，则不能公正地考虑到汉斯–格奥尔格·伽达默尔（Hans-Georg Gadamer）意义上的"偏见"（prejudices），却借口说他们自己依赖于某些"客观"的，实则本身就带有浓厚文化偏见的表达，那就是在背叛他们的读者，不止背叛一次，而是两次。每一代人都会有所选择地继承前人的思想，并且以自己的印象来重塑它们，每一代人也会根据自己的需要重新设置世界哲学的经典准则。我们无法摆脱时间与空间的束缚。这样的自我意识并不是对中国哲学传统的扭曲，而是对其根本性前提的肯定。

参考文献

Ames, R. T. & Rosemont, H. Jr. (trans.). 1998. *The Analects of Confucius: A Philosophical Translation.* New York: Ballantine Books.

Dennerline, J. 1989. *Qian Mu and the World of Seven Mansions.* New Haven: Yale University Press.

Fesmire, S. 2003. *John Dewey and Moral Imagination: Pragmatism in Ethics.* Bloomington: Indiana University Press.

Gilligan, C. 1982. *In a Different Voice*: *Psychological Theory and Women's Peuelopment.* Cambridge: Harvard University Press.

Graham, A. 1990. *Studies in Chinese Philosophy and Philosophical Literature.* Albany: State University of New York Press.

Hall, D. L. & Ames, R. T. 1987. *Thinking Through Confucius.* Albany: State University of New York Press.

Held, V. 2007. *The Ethics of Care*: *Personal , Political and Global.* Oxford: Oxford University Press.

Hooker, B. & Little, M. (eds.). 2001. *Moral Particularism.* Oxford: Oxford University Press.

Karlgren, B. 1966. *Grammata Serica Recensa.* Taipei: Ch'eng-Wen Publishing Co.

Lekan, T. 2003. *Making Morality: Pragmatist Reconstruction in Ethical Theory.*

Nashville: Vanderbilt University Press.

Needham, J. & Harbsmeier, C. 1998. *Science and Civilization in China.* Volume 7. Cambridge: Cambridge University Press.

Noddings, N. 2003. *Caring.* 2nd ed. Berkeley : University of California Press.

Rosemont, H. Jr. & Smith, H. 2008. *Is There a Universal Grammar of Religion?.* LaSalle: Open Court Publishing Co.

Shusterman, R. 1996. *Practicing Philosophy: Pragmatism and the Philosophical Life.* New York: Routledge.

Shusterman, R. 2008. *Body Consciousness: A Philosophy of Mindfulness and Somaesthetics.* Cambridge: Cambridge University Press.

Walker, M. (ed.). 2000. *Mother Time.* Lanham: Rowman and Littlefield.

Zhang, L. X. 1999. Translating cultures: China and the West. In Pohl, K. (ed.). *Chinese Thought in a Global Context: A Dialogue Between Chinese and Western Philosophical Approaches.* Leiden: Brill: 43-46.

个人与人：权利享有者与角色扮演者

罗思文

一、导 论

赫伯特·芬格莱特（Herbert Fingarette）在他多产又激动人心的整个职业生涯中，向已有的定论发起挑战，涉及的内容多种多样，有从酗酒到法律这样的话题，还有西格蒙德·弗洛伊德（Sigmund Freud）和孔子这样的思想家的论点。[①] 由此，他将逻辑的精确性与对人类状况的敏锐考察和洞见结合在一起，明显提高了我们对自身和对当代世界的理解能力，而我们则在世界之中努力寻求有意义的生活。

芬格莱特的工作是原创性的，这种原创性大概可以归因于他对非西方哲学尤其是早期中国哲学的熟悉和尊重。他甚至学习了古汉语，目的是让自己能阅读文献，他承认在哲学上从孔子那里获益良多。[②] 这个说法还有其他一些证据，例如，他对法律、疾病治疗、精神错乱以及犯罪需要承担的责任等话题，都发表了很多重要观点，然而在他的分析和评论里，他从未

[①] 参见 Fingarette（1963，1967，1972a，1972b，1989）。

[②] 参见我对他的著作《孔子——世俗的圣人》（*Confucius—The Secular as Sacred*）的评论，发表于 *Philosophy East and West*, 1976, 26（4）。他的回应和我的答复参见 *PhilosophyEast and West*, 1978, 28（4）。他是这么回应的："我希望孔子也向其他人展示这一图景，如我所见的那样。"我也看到了这一图景，很大程度上归功于芬格莱特的著作以及与他的几次愉快的谈话，对此我深表感激，也很高兴地告诉读者："他对我的赞同之处大大鼓舞了我，而对我们不同之处的挖掘也让我受益良多。"正如他在回应中也亲切地提到我的著作一样。

采用过人权、法权或者公民权利这样的概念。而中国古代思想中同样缺少现代的权利概念。

在本文中，我将通过明晰芬格莱特作品中含蓄但重要的内容，来进一步检验我的假设，即对现代西方权利概念的批判，同时就如何成为真正的人的问题，简要介绍一下儒家的基本观点。当然，这一"检验"也是"邀请"芬格莱特从哲学上回应中国和西方思想的基础性问题。

二、作为权利享有者的"个人"

人类享有权利是我们的道德、社会和政治思想（无论是国内的还是国际的）相当基本的预设。无论是作为学者，还是作为美国公民，我们都倾向于认为，一些基本的权利是不分性别、肤色、年龄、种族、能力、时间与地点的。我们享有某些权利，完全是因为我们是人。至于哪些权利是基本的，相冲突的权利诉求当如何裁定，具体国家制定的法律和政治权利的范围是怎样的，这些要与更加普遍的道德权利区别开来。权利是否应该成为道德或政治理论的基石，这仍是有争议的话题。但是，除了极少数显而易见的特例，享有权利的个体概念本身，并没有引起当代西方道德、社会和政治思想的强烈质疑。

然而，再明显不过的事实是，我们每一个人确实都拥有某一固定的性别、肤色、年龄、种族背景和某些能力，我们都生活在某一特定的时间、某一特定的地点。我们在某一特殊的文化共同体中出生和成长，每个共同体都有它的语言、价值、宗教倾向、习俗、传统，以及到底何为人的伴生概念。简言之，不存在文化上独立的人。我们每个人都有独特的希望、恐惧、快乐、悲伤、价值和观念，这些与我们是谁和我们是什么的定义紧密相连，我们是文化共同体的一部分，这些定义深受文化共同体的影响。F. H. 布拉德雷（F. H. Bradley）在一篇文章中清晰地阐明了这一点：

> 让我们以某个人，如当今的英国人为例。我们试图指出，除去他与其他人共同的部分，他就不再是一个英国人，甚至根本不是一个

人。如果你仅从其个人自身来考量他，他就不是其所是……他之所以是其所是，是因为他是有生有养的社会存在，是个体组成的社会有机体的成员……如果你把他与其他人的所有这些共同点都抽象出来，那么剩下的既不是一个英国人，也不是一个人，而是某种我不知道是什么的残留物，根本无法独自存在，至少无法以这种形式存在。（Bradley，1962：166）

这样的考量带来一个令人困惑的问题：如前所述，如果世界上的绝大部分民族生活在没有权利概念，或者是和权利概念不相容的文化之中，那么这些文化中的成员如何能想象拥有权利是什么样子？或者说他们这么想象是对的、好的或者合适的吗？① 很明显，我们关于人权的概念与我们将人类视为自由选择的自主个体的观点紧密相连，这些观点至少像勒内·笛卡儿（René Descartes）的认识论反思一样古老，并且在道德和政治领域得以体现，详见约翰·洛克（John Locke）的作品、《弗吉尼亚权利宣言》《独立宣言》以及法国的《人权宣言》。当然，1948 年联合国的《世界人权宣言》中呈现了人的概念，因此目前这一概念应该或多或少被视为具有普遍性的，而不是有文化边界的概念。在此我引用一下《世界人权宣言》的序言：

因此现在，大会，发布这一世界人权宣言，作为所有人民和所有国家努力实现的共同标准，以期每一个人和社会机构经常铭念本宣言，努力通过教诲和教育促进对权利和自由的尊重，并通过国家的和国际的渐进措施，使这些权利和自由在各会员国本身人民及在其管辖下领土的人民中得到普遍和有效的承认和遵行。（转引自 Milne，1985：2）

请注意这里的关键信息："努力实现的共同标准""努力通过教诲和教

---

① 尽管布拉德雷在书中努力反驳这一点，但这一主张已被 A. J. M. 米尔恩（A. J. M. Milne）详细阐述过（Milne，1985）。米尔恩想把权利概念置于更大的共同体概念中，因此个人的"权利（被称为某一个'成员'）包含了他应得的所有权利"（Milne，1985：115）。

育""通过国家和国际的渐进措施"。显然，这一宣言的框架完全来自西方近代文化，关注的是提出一种特殊的道德和政治视角，一种现在并不存在的理念，并把它作为所有的民族和国家都应该为之奋斗的标准。

如今，尽管《世界人权宣言》已经颁布多年，但世界上仍有 70% 以上的人对西方近代文化缺乏深入的了解。由于经济、环境和文化状况的影响，他们从前没有、现在没有，以后也无法长期这样生活，无法长期享有自由和权利，如果不是永远的话。

联系上述内容，我们不得不转向哲学上近来流行的相对主义形式[①]，这一形式有两种极端的回应。一方面，我们可能只希望接受"萝卜青菜各有所爱"的理念，不再相信超出我们西方文化传承的哲学努力会有所收获。这种极端回应最终导致，认为人类的某种特殊观点比任何其他观点都更好或更坏的说法没什么道理，因为这种观点没有文化独立基础作为支撑。另一方面，我们也可以固执己见，坚持认为所有的人的确都拥有权利，即使这些权利在其他文化中不被认可，而如果其他的文化没有关于权利的概念，那么他们也应该拥有权利观。如果没有，那么他们将在道德上和政治上处于糟糕的境地。

目前，第一种极端回应对相对主义的容忍有可取之处，但同时也造成了麻烦的后果，即对于法国萨德侯爵、阿芝特克的食人礼、奴隶社会、纳粹党卫军的悲观主义、犬儒主义、虚无主义等，我们从伦理上无话可说。我相信这些后果明显都是可以预见的，即使不是这一立场的逻辑必然结果，也在当代西方社会和当代西方哲学中得到了大量证明。

另一个极端回应的优点是，它主张必须给予文化和历史独立判断的道德基础，但依然造成了麻烦的后果，因为很可惜，我们有数量庞大的历史证据可以表明，与作为道德基础来源的西方近代文化相依相伴的是沙文主义、帝国主义，而且现在这一道德基础和世界上 30 多亿人[②]毫不相关，他们不享有这一文化。

此处言辞激烈，但我不认为我夸大了事实。我这样阐述这些立场，是

---

① 当然，在今天"相对主义"是个负重多多的哲学术语。更多讨论详见 Rosemont（1988a）。
② 本文发表于 1988 年，这是当时的人口数据。——译者注

为了凸显我想提出的一种选择——有一种概念框架，我想称之为"概念簇"（concept-cluster），在此"概念簇"中，伦理命题和伦理理论都可以得到清晰明确的表达，它们可以被全世界人民应用、理解和赞赏，但是在哲学家们制定出这样的"概念簇"之前，西方哲学传统将来必须比过去更多地吸收非西方哲学的观念。如果我们自身以权利概念为核心的现代伦理、社会以及政治哲学是不到25%的人创造的文化产物，并且存在其他合理伦理及政治哲学，那么这或多或少地反映了另外75%的人的预设和假定。这些预设和假定应当在人力所及的可能范围内，被吸收到"普遍伦理"或者政治哲学中。如果现在的情况是，我们自身以权利为中心的"概念簇"不仅将我们与其他文化中的同伴隔绝开来，而且不断在我们自身文化内部隔绝彼此，那么所有这些都是必要的，我将在文章结尾再次谈论这一点。

如果我的选择足够吸引人，我就必须多谈论一些我们的文化情境中的权利概念以及相关的伦理概念，并考察一些因归入比较研究而被模糊地提及的问题，努力地部分去情境化而不是解构这些概念，同时通过与其他概念簇（这里指早期儒学哲学家的概念簇）的对比，努力地明确界定西方伦理的概念簇。

曾几何时，在世界上的某些角落里，我们的大量同伴被局限在相当恶劣的环境里，生命受到威胁，并遭受种种生理和心理的侮辱。一些人仅仅因为他们的肤色而被监禁和折磨，另一些人因为国籍或者政治信仰而身陷囹圄，还有人则因为宗教信仰及随之而来的社会宣判而被迫害。我们身边也有许多这样的例子，包括挟持人质、恐怖袭击等行为，有些是民间的独立行动，有些是一个或多个政府的行动。我们对这样的情况和事件表示愤慨，更因这样的事情反复发生而义愤填膺，而且还会因为我们无法结束这样穷凶极恶的行为而感到挫败。

现在，想一想针对这些行为我们一般会如何去描述与解释自己的感觉和信仰。这些行为是不公平的，我们会说：没有人仅仅因为肤色、国籍、政治或者宗教信仰，而应被监禁、被折磨或者被挟持为人质，因为所有的人都拥有基本的权利，而在这些例子中权利明显被践踏了。在没有违反任何合理法律的情况下，个体被剥夺了自由、生存权和财产，他们的生命受到威胁，被不公正地剥夺了自由行动的机会，并且因此承受着自理自治权丧失的后果，而自理自治权才使得人之为人。

这样的解释非常直截了当，每一个有思考能力的公民都会同意这一观点。这种解释是我们的文化角度的准确反映，我不想去挑战这一观点。这一观点也同样被吸收进了《世界人权宣言》中。我更想说明的是个体的复杂哲学概念——自我，作为这一解释的基础，它可能不是用以描绘我们人类特性的最准确、最高级、最人道的方式，因为它当然不是大部分人会给出的解释。

此外，在近代西方内部，尤其是在美国，权利的概念和自治、自由选择的个体不仅是政治犯、人质、恐怖分子行为以及其他国际政治问题的中心，事实上在我们这个时代，也是所有紧迫的国家伦理问题的中心。

我们通常这样分析关于自杀和临终病人的问题，追问个人决定自身生死的权利何时被医生或其他人忽视，他们要么以有效的药物治疗为基础，要么以生命就有希望为前提（Rachels，1975）。

转向对环境方面的关注，信念不一的生态学家通常诉诸我们后代的权利来维护他们的立场，因为后代有权继承健康和基因多样化的自然世界[1]，而一旦涉及动物，许多哲学家和其他人就会追问，我们是否也应该认为动物拥有独一无二的权利，因为它们也是生物，动物权利严格限定了我们操纵它们以及它们所生存的自然环境的权利[2]。

最后，如果认为美国国内的一些政治问题（如福利、税收改革、极刑、平权运动）已被降格为个人权利和社会正义之间更基础的伦理张力（MacIntyre, 1981: 229-233），我并不认为这是一种太宏大的概念。

然而，假如这样匆匆勾勒的纲要看起来大致正确，我们会赞同这个时代大量的主要争议是在以权利为基础的道德概念框架内被描述、分析和评价的。当然，一旦我们从一般的公共领域转向伦理哲学的狭窄领域，就会缺乏一致性。此时，我们也可以谈到目的论道德和义务论道德。例

---

① 哲学上的讨论始于 Passmore（1973），现在这已经成为一个重要和多元的领域。

② 关于这个问题，有一本选集现在有些过时了，但仍然有用，那就是 Regan & Singer（1976）。他们两位最近撰写了许多文章，也可以参见其他作者的一些文章。

如，相较于任何一种功利主义的追随者，研究康德主义传统的思想家们在理论中将权利置于更基础的位置。有少数哲学家，如阿拉斯代尔·麦金泰尔（Alasdair MacIntyre），完全抛弃了当代道德理论，相反他受亚里士多德（Aristotle）的启发，强烈主张重新引入德性论道德哲学。[1]

但是，麦金泰尔的工作在权利的讨论上没有取得突破。而无论洛克主义者、康德主义者、边沁式的功利主义者还是其他人，无论他们希望树立多么不同的道德原则，权利的概念对他们的思想来说都至关重要。

罗伯特·诺齐克（Robert Nozick）做了最基本的工作，他在著作《无政府、国家与乌托邦》的第一页第一行中写道：

> 个人拥有权利，而且有一些事情是任何人或者任何群体都不能对他们做的（否则就会侵犯他们的权利）。（Nozick，1974：ix）

约翰·罗尔斯（John Rawls）在其颇具影响力的《正义论》一书中，如此表达他的第一原理：

> 每一个人对最广泛的基本自由都拥有一种平等的权利，而这些基本自由与其他人的类似自由是相容的。（Rawls，1971：302）

R. M. 黑尔（R. M. Hare）是英国传统的代表，下面节选自其近作《道德思考》的一段引文相当典型：

> 迄今为止已十分清楚的是，对功利主义的普遍异议多么空洞贫乏，这些异议也与我的道德推理相悖。持这些异议的人认为，功利主义没有给权利留下空间，功利主义把功利凌驾于权利之上。如果我们足够认真地对待权利，去探寻权利的定义及其地位，我们将发现权利

---

[1] 主要体现于《德性之后：道德理论研究》（*After Virtue: A Study in Moral Theory*）一书，另外也可以参考 MacIntyre（1988）。尽管我不认为希腊和基督教的传统比中国的传统更优越，但我在麦金泰尔身上还是获益良多，这在本文和我最近的其他著作中都可以得到证明。

> 实际上是道德思考中无比重要的因素……但是所有这些都不能为对功
> 利主义的反对提供论证，因为功利主义比制度主义理论能更好地保证
> 这一情况。（Hare，1982：154-155）

从这些随机挑选的引文以及我们先前的考量来看，很显然，权利概念
已经完全弥漫和渗透到当今西方道德和政治思想之中，也包括那些在自身
道德和政治理论中没有给予权利优先地位的哲学家。正是因为权利在我们
的思想中无处不在，所以有些人频繁使用"权利"这个术语，却很少给予它
完整的定义，我们不应该对此感到惊讶。

要说明这一点，最好的例子就是非常知名、争议非常多的《认真对待权
利》①一书。罗纳德·德沃金（Ronald Dworkin）在书中表达的观点值得我们
引一大段：

> 原则是描述权利的命题，政策是描述目的的命题。但是权利和目
> 的是什么？二者的区别又是什么呢？很难提供一个不回避这个问题的
> 定义。比如，演讲自由是权利而不是目的，因为出于政治道德，公民
> 享有自由；而增加军需品供给是目的而不是权利，因为这是对集体福
> 祉的贡献，但是任何供应商都没有资格与政府立约。然而，这并不能
> 提升我们的理解能力，因为"资格"概念"使用"了"权利"概念，而
> 不是对其进行解释。（Dworkin，1977：90）

帕特里夏·韦哈尼（Patricia Werhane）在《人、权利和法人》中也试图把
道德权利作为她的理论基础。该书开头如下：

> 我将假设所有人，尤其是有理性的成年人，都有与生俱来的价
> 值。因为人类有了与生俱来的价值，他们才拥有权利，这些权利是道
> 德权利……（Werhane，1985：3）

---

① 由于权利的概念与英语国家/地区的法律制度紧密地联系在一起，而德沃金曾深度参
与法律哲学的建设，因此他一定有"权利"来敦促我们"认真对待权利"。

目前，韦哈尼的论述对我们来说可能无懈可击，但它确实展示了德沃金提到的定义权利时的道德难题，因为我们当然可以认为，人类即使根本没有权利概念，也可以拥有与生俱来的价值（早期儒学就是范例）。

如果权利的概念还没有定论，那么我们可以审视各种权利是如何区分的并加以列举，以便试着进一步阐明这一概念。生命权被视为被动权利，因为需要他者的认可；而自由权是主动权利，因为人们必须做些什么来践行之。权利还有积极和消极之分，也即，确保安全的权利就与不被折磨的权利相对。初始权利和绝对权利之间最常见的差别被描述为可废止和不可废止的权利。如果确实存在绝对权利，那么关于哪些权利是绝对权利，哲学家之间很少达成一致，但是下面这些权利已被捍卫成最基本的权利：Hart（1955）及其他一些哲学家主张自由权优先，Shue（1980）主张安全保障权和生存权优先。颇多哲学家认为生命权是最基本的（Milne，1985：139），而德沃金则认为得到同等考虑的权利（不是被同等对待）是其他权利的基础（Dworkin，1977：180-183）。

我们可以进一步区分当代西方道德哲学中的不同立场，但不是出于当下的目的：将它们连接在一起的，不过是它们被统称为道德哲学这一点。从技术角度来看，我想说，早期儒学不应被称为道德哲学。为了说明为什么是这样，同时减少大家的疑虑，我必须说明，不管我的公开目的是什么，我的基本立场都是极端的道德相对主义。让我们考虑一下道德相对主义常见的系列论证之一，道德相对主义基于对其他文化的考察，而这些论证来自人类学的证据。[1]

我们至少不需要质疑丰富的人种学数据的可靠性，这些数据看起来展示了一些规律，表明何种特殊行为被一个民族所厌恶，却又至少被另一个民族所容忍，如果不是赞赏的话。不过这些数据自身不符合道德相对主义

---

[1] 这些争论始于爱德华·韦斯特马克（Edward Westermarck），后来是赫斯科维茨（Herskovits），以及弗朗兹·博厄斯（Franz Boas）和他的学生们——尤其是克勒布勒（Kroebler）和鲁思·本尼迪克特（Ruth Benedict）——在美国的总结。参见 Stocking（1968），Hatch（1983）。对于人类学家和哲学家来说，许多讨论道德相对主义的文章都包含在以下著作中：Wilson（1970），Hollis & Lukes（1982），Krausz & Meiland（1982）。最近的一个人类学声明是 Geertz（1984）。

者的期望，而是与逻辑有关。

我们离现代英语和相关的西方语言越远，就离"道德"术语的相应词汇越远。当然，所有的语言都包含用来认可和反对人类行为的术语，并且也包含评价人类行为的概念术语。然而，世界上的许多语言都没有相应的词汇来特指一系列行为，这些行为明显地被限定为"道德—不道德"，且和无关道德的行为相对。就此而论，我们不应该惊讶。道德，就像权利一样，在西方哲学思想中完全是基础性的概念，但几乎从未有过清晰的定义。

语言学的这一朴素事实不应模糊其哲学意义：语言的言说者（写作者），如果没有与"道德"相符的术语，从逻辑上来说无法拥有任何道德原则（或道德理论），因此，语言的言说者（写作者）也无法拥有和其他道德原则相容的道德原则，无论是我们自身还是其他人。

设想一下，我们试着向某个不是在现代西方文化中成长的人，描述被评判为道德或者不道德的一系列人类活动，并把它们和那些评判标准不适用的行为区分开来。这一系列人类活动的核心是什么呢？除非我们假设某个特定哲学家的观点是正确的，如康德主义者的动机（基于绝对命令的使用）、功利主义的后果、基督徒的本质价值或虔诚，否则这个问题就无法回答。我们最多只能说，在某些特殊情境下，实际上任何人类行为都可能会有道德结果。这可能是真的，但请注意，这对来自其他文化的人并没有特别的帮助，他们事先没有我们的现代道德概念（我们对儒家学者有所误解，就是因为每一种人类行为确实有我们——而非儒家学者——所说的道德结果）。

换句话说，我们或许不赞成其他文化的成员赞成的行为，但是如果我们的不赞成依赖于一种标准，它基本包含了当今以权利为基础的道德概念簇，这种概念簇在他们的文化（语言）中缺失；如果他们的赞成依赖的标准包含了我们的文化（语言）中缺失的概念簇，那么两个文化的成员在基本的道德上不一致，这不过是犯了循环式的逻辑错误。"道德"这个术语有明确的文化定义：是我们的而不是他们的。道德相对主义的人种学证据是有力的，仅当它能表明两个不同的人或民族用同样的方式来评判人类行为时，援引的是相似的标准，这些标准基于或展示了同样的或非常相似的概念簇——结果是，一个民族赞成的行为，另一个不赞成。

这看起来是我们对一个词的小题大做：为什么不从我们要调查的语言（文化）中，找到与英语中的"moral"最相近的词，然后由此继续进行分析？这恰恰是大部分的人类学家，而不是少数哲学家和语言学家完成的事。但是，现在我们详细考虑一下古汉语，这是早期儒学思想者书写哲学观点的语言。这种语言不仅没有"moral"（道德的）这一表达，而且没有与"freedom"（自由）、"liberty"（解放）、"autonomy"（自主）、"individual"（个体）、"utility"（功利）、"principle"（原则）、"rationality"（理性）、"rational agent"（理性个体）、"action"（行为）、"objective"（客观）、"subjective"（主观）、"choice"（选择）、"dilemma"（困境）、"duty"（责任）、"right"（权利）相对应的词。最怪异的是，对于道德学家来说，古汉语中没有与"ought"（应该）相对应的词。（而且我们也会怀疑其他的大多数语言，如果没有"moral"的对应词，很可能也没有其他大部分现代英语词语的对应词；这很难说只是巧合。）[1]

如果我们想从跨文化角度讨论与道德相关的问题，那么我们不仅仅要找到其他语言中与"moral"相对应的词，因为现代西方道德哲学的范围被粗略地限定于"moral"这一术语本身；清晰的界定需要大致展示该术语的全部概念簇，再加上少数其他的概念簇。如果不用这些术语，当代西方道德哲学家就不能讨论道德问题，而如果古汉语中所有这些术语都没有出现，那么从现代的角度来看，原始儒家学者都不能被称为"道德哲学家"。而且，如果我们坚持把他们的著作放在我们现代道德论著的概念框架中，我们最终一定会误解他们对人类行为的判断，以及对人类如何成人的看法（其他文化中的成员在书写或者谈论对基本人类行为的描述和评价时，原则上这些观点也适用）。[2]

---

[1] "概念簇"的概念对翻译问题很重要，因为前期论证表明，"道""礼""易"或其他中国单字，如果直接翻译为"道德"是不成功的，除非中国词汇也愿意为"subjective""right""choice"等英文单词提供候选词——这就陷入循环论证了。

[2] 若希望进一步讨论"概念"与"术语"之间的关系，可参见 Rosemont（1988a），尤其是该书注释11。

出于这个原因以及我在其他地方讨论过的原因 ①，我想将 "morals"（道德）与 "ethics"（伦理学）区分开来。如果西方伦理思想完整而丰富的历史以及它在其他文化中的变体能够被我们充分理解，那么这一主题当明确包含古希腊人、他们的基督教继承者、现代西方道德理论家、原始儒家学者，还有其他非西方文化中相关的概念簇。

ethics（伦理学）定义之一：关于人类行为的描述、分析和评价中使用的基本术语（概念）的系统研究。

定义之二：使用这些基本术语（概念）来评价人类行为。

有人可能会反对，认为这两个定义过于宽泛。在这样的定义下，人们可能会决定去研究如何描述、分析和评价一些人类行为，如大声喝汤、穿着不得体、有失礼仪以及进行粗鲁的性侵犯，那么我们必须区分粗鲁与不道德的行为吗？如果我们预先承诺把以当代权利为基础的道德作为伦理思想的终极目的，那么答案是肯定的。然而不幸的是，这种常见的承诺，可能会导致更大的文化问题，因为如果没有现代西方道德哲学概念簇的词汇，想区分我们所声称的"粗鲁"与"不道德"便十分困难，正如每个深思过礼之意义和重要性的人都知道的那样。以上定义为比较研究提供了比现代西方哲学惯例所容许的更广阔的空间。而相应地，它也相当接近英语标准词典中常用的"伦理"含义，同时反映了这一语言学事实：即使哲学家谈起"社会伦理""医药伦理""职业伦理"等，他们（其他人亦如此）也不是在谈论"社会道德"或者"职业道德"。②

只要概念簇（尽管还有它的变体）支配着当代西方道德哲学，被看成众多伦理中唯一可能的方向，我们就必须对这种区分行为所造成的结果进行阐述。再转到道德相对主义的问题上，道德和伦理之间的区别当然不会完全破坏伦理（或文化）相对主义给出的论断，但也确实对它的许多前提提出了质疑；很明显，这里对"道德"的反驳并不限于前文所述的古汉语。在人种学数据再次被用来支撑相对主义命题之前，我们应当进行谨慎的再翻

① 参见 Rosemont（1988a），尤其是该书注释 11。
② 毫无疑问，因为当代西方道德哲学概念簇的基本词汇不足以描述和分析这些领域内的问题，所以在某些情况下——例如"religious ethics"（宗教伦理）——也没有必要进行描述和分析。

译和再解释。伦理相对主义可能是正确的，但并不是（基于权利的）道德相对主义所需要的。

　　这种区分表明，尽管比较研究者的成果层出不穷，但是非西方的材料始终还是从强势的西方视角切入的。当然，没有一个比较研究者是在完全空白的状态下进入另一种文化的。我们不需要对相对主义命题做出承诺，承认纯粹（文化真空）的客观是个神话：不管是心理学家还是医生，是学者还是批判者，是普通人还是哲学女王，无一例外都被他们的文化和历史环境所浸染。但同时也要承认，文化局限性有程度上的不同，这些在原则上都可以被衡量。例如，19世纪后期的人类学家使得智力成为文化的决定性特征，这当然是削弱维多利亚时期英国沙文主义的重要步骤，暗含着人们把注意力转向了学习上，并把它作为文化的决定性特征。[1]

　　乐观点说，这种方法或许看起来依赖于概念的混淆。当代西方道德哲学的词汇深深嵌入了人们所使用的语言之中，因此似乎儒家伦理无法与当代西方道德哲学完全区分开，要不就是在英语世界中，我们无法最终将其理解成伦理思想。也就是说，为了充分理解儒家的劝导，我们至少要使用一些包含了当代西方道德哲学的英语概念簇，这不是很有必要吗？这样的话，儒家伦理从此不就不再那么迥异了吗？[2]

　　我始终认为，儒家早期伦理的概念簇确实与我一直讨论的哲学概念簇相当不同。然而，做出标准判断和讨论伦理的英语词汇比当代基于权利的

---

[1]　关于人类学的发展历史，可以参考 Stocking（1968），Hatch（1983）。

[2]　这一论点也可以被看作关于信仰体系不可代替论的阐述／倡导的悖论。在目前的道德案例中，可以这样来看：如果把两个道德概念框架（概念簇）视为总框架，并且与不可调和的完全不同，那么我们只能说明一个框架比其他通过假设或假定一些至少嵌入在框架中声称优越的道德概念更正确。但是，一方面，如果这些假定或假设被一个听众接受，那么似乎不需要论据就能给人定罪。另一方面，如果听众不接受相关的假设或假设，那么似乎没有任何论点就能给人定罪。假定或假设或者被受众接受，或者不被接受；在这两种情况下，似乎论点并非毫不相干，而且对命令定罪来说毫无价值。这与戴维森（Davidson）在其论文《论概念图式的观念》（"On the VeryIdea of a Conceptual Scheme"）中说的"我们的大部分信念必须是真实的"相似。如果"非正统概念框架"的含义完全不同，那么这个说法是正确的，并且确实暗示了悖论的结论。然而，戴维森对"我们"的使用向来是模棱两可的。如果"我们"只是使用英语（和相关的现代西方语言）的成年人，它是无可置疑的。但是，如果"我们"指的是当代西方道德哲学家，那么他的说法就是可疑的；儒家挑战的只是后者，而不是前者，这就可以消除表面上的悖论，正如本文接下来要说明的。

道德哲学词汇丰富得多。恕我直言，原始儒家伦理学提出的最基本挑战就是，当代西方道德哲学已经与日常的具体伦理关切越来越不相关。儒家文本利用贫乏的（大部分是官僚主义的[①]）技术词汇来强调法律、抽象逻辑、政策叙述的形成，引用其他令人难以置信的假设例证，暗示当代基于权利的道德哲学，已经不再以真正的希望、恐惧、快乐、悲伤、理念以及有血有肉的人类之态度为基础。从笛卡儿的时代起，西方哲学（不仅仅是道德哲学）已经持续不断地抽象出一种纯粹的认知行为，远离了具体的人，并坚称在脱离现实的"心灵"中进行逻辑推理，是自主选择的个体的本质，这种个体在哲学上比具体的人更基础；具体的人只是偶然是其所是，因此不具有重要的哲学意义。

然而，儒家早期作品反映的是并没有脱离现实的"心灵"，而非自主的个人；除非至少存在两种人，不然便不可能有人类存在（Fingarette，1983）。从早期儒学的角度来说，从笛卡儿到现在的每个西方哲学家，其作品只能被视为从计算机上驱赶人类幽灵的咒语。到目前为止，我们甚至无法确定自身是不是缸中之脑。但早期儒学提出这一挑战，并不是为了谴责西方文化传统，也不是为原始情感喝彩，更不是为了声明非理性比理性更人性化——所有这些都包含了对儒家文本的误解，而使用西方理性传统的逻各斯中心主义语言，把道德建立在理性论证的基础上，就十分困难。儒家只是说，当代哲学模式中这种脱离现实的、纯逻辑的、计算的自主个体，离我们感觉和想象的人类的本来面目太远。这引起了看似无法解决的问题，对道德、社会和政治哲学家来说，维持这种思维定式变得越来越困难，他们也必定会自食其果，更不要说那些非西方哲学传统继承者的民族了。

我们一定要深入探究这个问题，因为这种思维定式不是偶然失败的，它必然会失败。它从各个方面都承认，人类不仅具有自我意识和理性能力，还是行为者，这意味着他们可以有目的地行动，并且会根据他们的目的以不同的方式行动。目的是最终结果，人们可能会努力达到多种多样的可能目的。当我们自问，我们如何能决定应该努力实现哪一个目标时，问题就

---

① "官僚主义的合理性"这一说法来自 Williams（1985：206）。

出现了。大卫·休谟（David Hume）的论点很有说服力，他认为，逻辑上没有任何命令性语句（指涉价值的）可以从陈述性语句（指涉事实的）中推导出来。长期以来，人们从未质疑过：要想决定如何行动，仅仅了解事物的客观性是不够的。要想获得价值，人们需要做得更多，但需要的是什么呢？它又从何而来？休谟的立场是（在《人性论》和《人类理解论》中都是如此），这些问题的答案一定是"无"，因此也就"没有来源"，我们的价值最终没有根基。

事实与价值之间的鸿沟问题确实是由休谟第一次提出的，但其吸引力来自笛卡儿关于人是什么的观点，尽管休谟反对笛卡儿主义。这种形式的价值怀疑论合理地要求我们认为人类是有身体的，每个身体都有特定的形状、重量、颜色、空间和时间位置，身体产生一系列混合的冲动、情感、激情以及态度等等。盘旋在以上这些物质凝块和心理混合状态之上的是一个纯思想（因为脱离了肉体），足以确定事物到底如何（事实／科学的客观世界），以及事物必须是什么样子（逻辑／数学的必然世界），但休谟在判断事物应该如何上是无价值的（目的／价值的世界）。身心是完全分离的。此外，我们所拥有的身体显然是偶然世界的偶然产物，并且服从于支配这个偶然世界的所有因果法则；而这种偶然的存在如何能成为价值的源泉，并决定这些物质凝块拥有价值呢？

从某种意义上说，我们是否接受这个人类图景是真实的与哲学无关，它只代表一种西方的自负；这一人类图景在很大程度上类似于自然状态中霍布斯式的资本主义者，无知之幕后的罗尔斯式政治家，或者无法确定"gavagai"含义的蒯因派语言学家。无论被看作事实还是虚构，这幅图景都展示了吸收感觉和逻辑计算的心灵与情感评估（但很可能并无价值）的身体出现中断，由松果腺将它们（或事实和价值）结合在一起，而松果腺没有道德、美学或精神上的对应物。

近三百年来，这种笛卡儿式的图景一直主宰着西方的道德、美学和宗教思想。伊曼努尔·康德（Immanuel Kant）接受了这幅画的大部分内容，却对休谟的一个重大推论退缩了，意即，理性必须是激情的奴隶。相反，他努力在纯粹理性的基础上建立目的（和价值），坚持认为理性是激情的主宰。

但康德的理性不能像休谟的理性那样产生或创造价值。绝对命令原则和目的王国原则都是纯粹形式的。严格地说，它们都没有表现价值，康德对它们的论证并不是建立在任何基本价值之上的，而是建立在对逻辑自相矛盾的担心上，但逻辑自相矛盾又会导致对绝对命令原则和目的王国原则的拒绝。简而言之，理性是必要的工具——帮助我们实现目标——它可以帮助我们安排或重新安排我们的价值，却不能创造价值。因此，如果我们相信人类是或者能够是有目的的主体，我们就不能同时相信人类是完全自主的、脱离身体的、个体的理性心灵。[1]

对于这一批评，任何权利理论家可能都会回答说，当然，理性的、自主的、个体的启蒙模式不是对人类的描述，而是对人类的规范。显然，人是有价值的，同样，不同的文化也体现了不同的价值，这使得道德相对主义成了今天的尖锐问题。通过关注理性，这种回答还会继续下去；通过展示权利概念的合理性，我们希望在将我们团结在一起的基础上（理性能力），克服分开我们的因素（文化差异）。因此，我们希望可以解决道德相对主义的大部分问题，如果不是全部的话，以建立人类观的合理性，把人类看成理性自主的个体、权利的拥有者，无论他们的文化背景如何。这种观点不是描述性的，而是规范性的：我们应该接受它。

然而，只要我们仔细观察它旨在克服的道德相对主义，这一命令式的力量就会减弱。之前我从逻辑上论证过，只有当两个民族使用相同或非常相似的评价概念和标准时，真正的道德相对主义才会出现，并且一个民族赞同某个人，另一个民族却可能不赞同。

我不知道世界上有多少民族之间存在真正的道德相对主义，但我怀疑这个数字被严重夸大了。然而，不幸的是，我们不必跋涉到异国他乡去寻找例子，因为它们在当代美国社会无处不在。

正如开头所暗示的那样，例子非常多：动物权利、安乐死、未曾生在健康和基因多样化的自然环境中的人之权利。所有这些和其他问题都使美国民族严重分裂，我们无法实现和解很可能是因为对话和谩骂发生在同一概

---

[1]　关于这一点的更完整论述，参见 Graham（1985），以及 Rosemont（1991）。

念框架中。更普遍的是，道德和政治领域的交集——正义和公平——甚至不可调和的差异有更多的初步证据。它导致的结论是：不是不同意我们的人很愚蠢、自私或邪恶，而是在分析它们的内涵时，个人权利和社会公正很可能是不兼容的概念。

其他的论点可以进一步用来反对把理性的、自主的、享有权利的个体作为人类模型的做法，无论是描述性的还是规范性的。其中之一来自众所周知的囚徒困境游戏，或者来自理性选择理论。[①] 如果我们把利己的额外特性加入人类的启蒙运动模型——其实自霍布斯（Hobbes）以来，几乎所有的思想家都在这么做，那么，对于大范围的非排他性的集体（或公众）的善（或利益）来说，每个人的行为合理永远不能保证集体利益的实现，每个人都可能会变得更糟糕。想一想我们主要城市的街道，它们肮脏、毒品泛滥、充满危险。例如在纽约，对人民来说，清理和改造他们的街道本应是一个伟大的集体或公共善，但如果没有人会被驱逐出街道，也就没有一个理性利己的个人会选择为改造工程做出贡献。街道要么清理，要么不清理。如果街道清理了，自私的个人就会享受集体的利益，而不必做出贡献。如果街道保持原状，个人就节省了贡献的成本。因此，每个理性利己的个人一定会决定不做出贡献。而纽约的街道将继续保持原状，每个人的生活都将变得更糟。

为避免这种"搭便车"或集体行动的悖论，我们做了很多尝试，但都不成功，这表明纽约街头只会继续恶化，除非直到一些新的（或非常古老的）思考伦理和政治问题的方式广泛流行。

大多数文献资料假设、表明和捍卫这种观点：人类是自主的、理性的、享有权利的和追求自我的个体。显然，在这篇简短的评论中，我还没有开始对文献资料整体做出回应。但是，因为很多文献资料都是以人类是纯粹理性的、自我追求的、自主的个体为前提的，所以在这些文献资料中，很多论证并不比它们所依据的基本前提更合理。当然，这种模式——尤其是当它被用来暗示人权时——极大地促进了人类尊严的事业，特别是在西方

---

① 参见 Olson（1965）和 Laver（1981）。后一本书中很好地阐述了这一问题，其中包括一份参考书目。

国家中，但它也具有强大的自我实现的预言性质，资本主义经济的要求进一步强化了这一点。我相信，随着我们进入 21 世纪，继续探索如何生活，如何最好地在这个日益脆弱的星球上一起生活这个问题，现在更像是一种概念上的责任，而不是一种资产。

三、作为角色扮演者的"人"

对权利的批判可以进一步地拓展和深化，但我现在想把焦点转移到另一种观点上，那就是早期儒学的观点。人的范畴包括 shi（士）、junzi（君子）和 shengren（圣人）等。尤其当它们有别于 xiaoren（小人）时，我曾经把它们与 shanren（善人）、chengren（成人）等概念放在一起讨论（Rosemont，1986）。

Dao（道），我认为翻译为 Way 更好，同时它也意味着"说"，因此"学说"的含义也必须表达出来。例如，在《论语》14.30 和 16.5 中。而对于 de（德）这个概念，我不同意孟旦（Donald Munro）翻译的"manna"（吗哪）、韦利（Waley）翻译的"power"（力量）以及其他人翻译的"virtue"（美德）。"德"近似于佛教中的"dharma"（达摩，法则），意指我们如果能够在真正意义上达到认知，我们就能做到、能实现，它指的是我们实实在在的生理、心理和认知天赋的全部潜能。对于"de"（德）来说，这是一个相当长的注释，我不准备翻译出来，我选择音译。

接近"li"（礼）的英文表达，包括"customs""mores""propriety""etiquette""rites""rituals""rules of proper behavior"及"worship"，它们都曾充当过"li"的替代表述。如果我们认为这些英文单词在某些时候可以在适当的语境中被译为"li"（礼），我们就应该得出这样的结论：汉字必须包含在每一个场合中使用的所有含义，如果只选择其中一个，就会导致一种后果，正如俗语所说的"有些东西在翻译中丢失"（something is lost in translation）。所以"礼"只能译作"li"。

"ren"（仁）通常译作"benevolence"，偶尔也译为"human heartedness"，更少见的是译作"manhood-at-its-best"，这种译法既笨拙又带有男性至上主义的味道。我在英语中选择 "human kindness" 这个表达方式，因为我相信这个表达方式抓住了中文原文的精神，既没有 "benevolence" 那么崇高，又能更充分地发挥英语的丰富性，它反映了 "Homo sapiens"（智人）—— "humankind"（人类）——的特征：human kindness。

"知" 字，或者下面带一个 "日" 字的 "智"，通常译为 "knowledge" 或 "wisdom"。我认为，孟旦的解释更接近这个概念的原义，他把它称为 "moral knowledge"，但这又会让我们回到我们西方人自己的 "concept-cluster"（概念簇）。与安乐哲的观点相一致，我认为 "智" 是 "realize"。"realize" 与 "know" 或 "knowledge" 一样，带有同样强烈的认知倾向。就像如果今天实际上是星期五，那么一个人不可能 "知道"（know）今天就是星期四一样，如果今天不是星期四，他也不可能 "认识"（realize）到今天是星期四一样。此外，通过将 "知" 翻译为 "realize"，早期的儒家和他们在唐代之后的继承者们就被描述为一种 "unity of knowledge and action" 的关系。如果 "personalize" 就是 "to make personal"，"finalize" 就是 "to make final"，那么 "realize" 就一定是 "to make real" 的意思，我们完全可以不借助基于权利中心的道德理论词汇，而充分利用英语本身丰富的表达方式。"信" 的解释，是埃兹拉·庞德（Ezra Pound）继承了他的老师厄内斯特·费诺罗萨（Ernest Fenollosa）进一步完成的，他们把 "信" 解释为 "一个人依他的语言而立" 的景象。没有人会认为他的这种汉字语言学解释是一种异想天开，汉学家对这个字的分析也同样如此：这个字显示了一个 "人"（man or person）站在 "语言"（speech or words）的左边。我们现在意识到，早期儒学所使用的书面语言中，象形文字和表意文字所占的比例非常高，我们应该会同意庞德和费诺罗萨把 "信" 翻译成 "trustworthy" "sincere" 或 "reliable"。

下一个是 "义"。刘殿爵（D. C. Lau）的翻译是——可能有点反直觉——"right"，同时 "duty" "morals" 或 "morality" 更为普遍。如果我们同意刘殿爵将早期儒家学者理解为道德哲学家的观点，那么无可否认，"义"（繁体形式为 "義"）就是 "morals" 或 "morality" 在汉语词汇中的最佳等值表达的候选者。然而，义（義）在商朝文字体系中的几个变体为我们提供了其他的解释。"义" 字的字型通常勾勒出一个 "羊" 的图形，下面是一个 "言说者"，即第一人称单数代词"我",后者的起源则是未知的。这个代词本身,从表面来看,是一个人手持戈(dagger-axe)。如果我们现在还记得,在大型的公共集会上,人们会把羊作为祭品来供奉(参见《论语》3.17),我们可能会倾向于把"义"看成一个人在为宰杀仪式准备羊羔时的姿态(attitude)或者立场(stance),这种态度和立场,必须是一种净化(purification)的努力,让自己神圣(sacred)起来,从而使祭品净化和神圣起来。如果是这样,那么,"义"显然不应该被翻译为"morals"或"morality",在这里,"reverence"是最接近的英语单词,尽管它经常被用来翻译"敬"这个字。但后者(敬)意味着畏惧(fear),在某种意义上"义"在其中是缺席的。因此,作为名词形式的"义",我将其译为"reverence";而"敬"则更多地作为动词使用,我将其译为"to fearfully respect"。

"孝"的直译为"filial piety",而儒家思想的"一贯之道"(one thread)——即"忠恕"——我将其直译为"loyalty"和"reciprocity"。"志"被我译为"will"或者"resolve",作为修正,可以译为"resolute",用以取代更为流行的"upright"或"uprightness"。

我们应当说明:中国的哲学术语关注的是人这一自然物种的品质,关注的是具有(或不具有)这些品质的各式各样的人。在我们谈论选择的时候,儒家学者谈论的是意志和决心;在我们援引抽象原则的地方,儒家学者援引的是具体的人际关系,以及对这些关系的态度。此外,如果早期儒学著作的阐释一致,则对早期儒学的解读一定是坚持人类生活的整体社会本质,因为人们的品质,他们是哪种人,以及他们的知识和态度不表现在行动中,而只表现在互动中,即人类的互动中。虽然反思和孤独是人类生活的必要组成部分,但我们从来不是独立存在的。我们的认知和情感品质永远不会完全分离。

在这样的背景下,让我来概述一下早期儒学的观点,即什么是人。如果我能问孔子"我是谁",那么我相信,他的回答大致如下:如果你是小亨利·罗思文,那么你显然是老亨利·罗思文和萨利·罗思文的儿子。因此,你最重要的、最基本的身份是儿子;你和父母的关系从一出生就开始了,这对你以后的发展产生了深远的影响,对他们以后的生活也产生了深远的影响,这种关系只在父母去世时才会部分减少。

当然，现在我除了是儿子，还有很多其他的角色。我是妻子的丈夫，孩子的父亲，孩子的孩子的祖父；我是兄弟的兄弟，朋友的朋友，邻居的邻居；我是学生的老师，老师的学生，同事的同事。

所有这些都是显而易见的，但请注意，这与把我作为自主的、自由选择的个体自我有很大不同，对许多人来说，这是当代哲学存在的理由，尤其是基于权利的道德哲学。但对于早期的儒家学者来说，不存在用于抽象思考的孤立的我。我是各种角色的总和，我活在与具体的他人的关系中。这里使用"角色"一词，我并不是想暗示早期的儒家学者是社会学学科的先驱。他们强调的是我所说的"角色"之间的相关性。意即，他们认识到这一事实：我与一些人的关系直接影响我与另一些人的关系，在某种程度上，它会误导说我"扮演"或"践行"这些角色；相反，孔子认为，我就是我所有角色的总和。总的来说，他们为我们每个人编织了一种独特的个人身份模式，这样如果我的某些角色改变了，其他角色也必然会改变，从字面上来说，这让我变成了另一个人。

例如，我作为父亲，不仅仅是与女儿一对一的角色。首先，它与我作为丈夫的角色息息相关，就像母亲的角色与我妻子作为妻子的角色息息相关一样。其次，我是"萨曼莎的父亲"，这不仅是对萨曼莎个人来说，对她的朋友、老师，对她未来的丈夫，还有她未来丈夫的父母也是一样的。再次，萨曼莎作为姐姐的角色部分取决于我作为父亲的这个角色。

在家庭之外，如果我成了鳏夫，我的男性和女性朋友看待我、回应我、联系我的方式，就会和他们现在的方式有些不同。例如，如果我成了鳏夫，我的单身朋友可能会邀请我陪他们参加为期三个月的夏季巡游，但只要我是丈夫，他们就不会邀请我。

正是在"角色"一词这种认识论和伦理学的扩展意义上，早期儒学坚持认为我不是在扮演角色，而是我本身就变成了角色，我是在与别人和谐共存。这样，当所有的角色都被精确规定时，角色间的联系就得以显明，那么我就被规定为一个完全独特的人，由少数几条可辨识的松散线索拼凑出一个自由、自主、具有选择权的自我。

此外，从这种社会语境的角度来看，我应该更清楚地认识到，重要的是，我没有实现我自己的身份，我并不对成就我自身负唯一的责任。当然，要成为好人需要个人付出很多努力。但无论如何，我是谁，我是什么，很大程度上是由我所交往的其他人决定的，正如我的努力同时也部分决定了他们是谁，以及他们是什么。从这个意义上说，人格、身份基本上是别人赋予我们的，就像我们也在努力赋予他人身份一样。此外，有一点很明显，儒家的角度要求我们用另一种语气来陈述：我的老师生涯只能由我的学生来赋予意义，我的丈夫生涯只能由我的妻子来赋予意义，我的学者生涯只能由其他学者来赋予意义。

我们是所有特定的人际关系中的一部分，我们与死者和生者的互动，都将被礼仪所协调。我们的礼仪、习俗和传统，随着与我们密不可分的历史而展开，我们要履行这些关系所规定的义务，对早期儒学来说就是遵从"人道"。这是一种综合之"道"。简单来说，通过我们与他人互动的方式，我们的生活显然会有一个伦理维度，它会影响到我们的所有行为，而不仅仅是一部分。通过这种方式，伦理性质的人际行为被互惠观念所影响，被文明、尊重、感情、习俗、仪式和传统所支配，我们的生活也会为自己和他人提供一个审美维度。早期儒学一方面要求我们具体履行自己对长者和祖先的传统义务，另一方面要求我们履行对同时代的人及后代的义务。它提供一种罕见的但精神上真正具有超越能力的形式，即一种超越特定时空的能力，赋予我们的个人人格以人类共通性，因此也有了强烈的连贯性，贯穿过去和未来。对早期儒学来说，生命的意义毋庸置疑。我们还是可以看到，早期儒家学者关于什么是人的观点，支持每一个人寻求生命的意义，让每一个人都有变成"神圣的容器"（引自芬格莱特对孔子的评价）的可能性（Fingarette，1972a）。

很遗憾，这只是对早期儒学基本要素的简述 ①，但如果它准确地捕捉到了经典文本的重点，那么我认为这些文本反映了人是什么的观点——无论男女老少，中国人还是美国人，资本主义还是社会主义，过去还是现在——这比我们作为纯粹理性的、自主的、享有权利的个人的观点更现实、更人道。（综上所述，这样的个人不能改造纽约的街道，但是家人、朋友和邻居可以。）

我不是想暗示早期的儒家著作解决了全部问题，找到了我提出的问题的所有答案。但我确实想表明，儒家思想是非常有益的开始，就像没有一个托勒密派的天文学家会认真考虑天堂观还存在的基础问题，直到哥白尼学说的出现为止。正因为如此，我们不能严重质疑权利的概念以及到底什么是人，直到有了深思熟虑的选择为止。是否可能存在一种伦理和／或政治理论，它不采用自主的个人、选择、自由或权利概念，也不援引抽象的原则？有没有这样的理论，它以这种人性观为基础：人性包含在人际关系中；这一理论既符合我们自己的道德情感，又符合那 30 多亿不是生活在西方资本主义国家的人？如果有这样一个理论，它能确保和其他理论没有冲突吗？

---

① 我即将出版的新书更完整地描述了古典儒学和当代伦理。中国古典社会当然是父权社会，因此在很大程度上有厌女症的倾向。可以说，父权特权远远超出了孔子和他的追随者所能容忍的范围，但不可否认的是，在古典文献中，女性基本上处于从属地位。因此，我试图描述的儒家的"相互依存的人"，与一些当代研究者所描述的"女性的人"的概念非常接近，这就显得更加矛盾了。例如，卡罗尔·吉利根（Carol Gilligan）曾说过：

　　因此，两性关系，尤其是依赖关系，对男女的体验是不同的。对于男孩和男人来说，分离和个性化与性别认同密切相关，因为与母亲的分离对男子气概的发展至关重要。对于女孩和女人来说，女性特征或女性身份的问题并不取决于与母亲分离的实现或个性化的进展。由于男性特征是通过分离来定义的，而女性特征是通过依恋来定义的，因此男性的性别身份受到亲密关系的威胁，而女性的性别身份受到分离的威胁。男性倾向于在人际关系上有困难，而女性倾向于在个性化上有问题。（Gilligan，1982：8）

与此相关的是，在《女权主义和认识论：关于性别与知识之间联系的最新研究》一文中，弗吉尼亚·赫尔德（Virginia Held）写道：

　　……西方的认识论方法往往比我们熟悉的英美观点更建立在关系的、更全面的现实观之上。这些大陆和非西方的观点通常比英美的观点更厌恶女性，但它们在认识论上似乎更接近现在被认为更具女性特征的方法。（Held，1985：300）

如果这些女权主义的争论能够持续下去，那么儒家式的伦理观念和"礼治人"（li-governed person）的观点就会比本文所说的更有说服力。

　　我不知道这些问题的答案，但我知道，如果早期的儒家伦理选择能够真正改变我们观察问题的角度，那么它就不仅对伦理学做出了贡献，还对重建整个哲学学科做出了重要贡献。

　　如果一个人仍然倾向于认为孔子和他的追随者在时间、空间和文化上离我们太遥远，无法教给我们任何基本的东西，那么我们应该记住儒家思想的几个历史维度。仅仅从它的悠久历史和它直接影响到的人的数量来看，与儒家理想生死与共的大有人在，这就证实儒家是最重要的哲学；它不应该仅仅因为古老而被迅速抛弃。

　　此外，我们必须记住，儒家思想在创立之初，就遭到了诸子百家中的道家、墨家、法家和其他学派的攻击。在之后的几个世纪里，它几乎完全被佛教所取代。后来又受到基督教的挑战，首先是16世纪和17世纪后期的耶稣会士和方济各会士，然后是19世纪和20世纪的新教和天主教传教士，后者是在坚船利炮的帝国主义外交助攻之下由西方进入中国的。从所有这些过去和现在的挑战中，儒家思想已经得到恢复（并且在它的诞生之地再次恢复）；它自身得到了强化，并延续了下来。

　　在应对这些挑战时，儒学从未求助于超自然的支持。它完全是一种世俗的哲学，以此生为基础，不诉诸神明。想要理解和欣赏儒家思想，我们不需要放弃当代的常识，也不需要怀疑自然科学家对世界提出的物理性描述。然而，尽管存在这种世俗主义，儒家思想同时也解决了西方视角中的宗教问题，并且在其世俗性中提供了一种可被称为抵达"神圣"的方法，就像芬格莱特在他的《孔子——作为神圣的世俗》一书中令人信服地主张的那样。

　　最后，儒家的伦理与社会思想在今天是有意义的，因为它直接解决了这样一个问题：当生活必需品短缺时，一个社会应当如何最好地分配生活必需品，以及在这种情况下，人类的生活如何才能是有尊严、有意义的。从柏拉图时代开始，西方哲学家在构建他们的理想社会时（从《理想国》到现在），只是简单地预设了至少是最低限度的总体富裕。然而，世界上绝大多数人并不是生活在富裕的社会中，因此，儒家思想对他们的影响可能比大多数西方道德和社会理论的影响更大。①

　　基于所有这些原因，我们不应该认为儒家传统一定与当代的伦理问题无关，也不应该认为它已经或者应该终结。相反，我们应该认真考虑这样一种可能性，即这种传统不仅适用于东亚人，而且可能适用于所有人；不仅适用于过去，而且可能永远适用。

　　虽然我确实相信存在一个概念簇，在这个概念簇中，我们可能做出类似的跨文化和内文化的伦理判断，但我不相信这个概念簇在英文中已然具备。一些西方哲学概念将会保留，也应该保留。为了更准确地表示非西方的概念和概念簇，必须对另外一些概念进行延伸、弯曲和扩展；为了支持目前尚不存在但可能会出现的其他概念，还有一些西方哲学概念可能不得不被完全抛弃；随着新的（和旧的）概念簇的提出和检验，这些概念簇将在未来的研究中产生。如果我们不愿参与到目前为哲学提供的《安魂弥撒曲》，如果我们希望寻求新的视角，使这个学科在未来真正包罗万象，就像它过去被错误假定的那样，那么我们必须着手开发更国际化的哲学语言，它包含了思想家们对全球所有历史传统的见解。这些思想家致力于这些问题：我们是谁以及是什么，我们为什么以及应当如何引导人类生活。芬格莱特的工作无疑极大地丰富了这一传统。

参考文献

Bradley, F. H. 1962. *Ethical Studies*. 2nd ed. New York: Oxford University Press.

Dworkin, R. 1977. *Taking Rights Seriously*. Cambridge: Harvard University Press.

Fingarette, H. 1963. *The Self in Transformation*. New York: Basic Books.

Fingarette, H. 1967. *On Responsibility*. New York: Basic Books.

Fingarette, H. 1972a. *Confucius—The Secular as Sacred*. New York: Harper and Row.

Fingarette, H. 1972b. *The Meaning of Criminal Insanity*. Berkeley: University of California Press.

---

① 我曾经论述过经济约束的重要性，参见 Rosemont（1970）。

Fingarette, H. 1983. The music of humanity in the conversations of Confucius. *Journal of Chinese Philosophy*, 10(4): 331-356.

Fingarette, H. 1989. *Heavy Drinking : The Myth of Alcoholism as a Disease*. Berkeley: University of California Press.

Geertz, C. 1984. Distinguished lecture: Anti anti-Relativism. *American Anthropologist,* 86(2): 263-277.

Gilligan, C. 1982. *In a Different Voice : Psychological Theory and Women's Development.* Cambridge: Harvard University Press.

Graham, A. C. 1985. *Reason and Spontaneity.* London : Routledge Curzon.

Hare, R. M. 1982. *Moral Thinking : Its Levels, Methods and Points*. Oxford: Oxford University Press.

Hart, H. L. A. 1955. Are there any natural rights?. *Philosophical Review,* 64: 175-191.

Hatch, E. 1983. *Culture and Morality : The Relativity of Values in Anthropology*. New York: Columbia University Press.

Held, V. 1985. Feminism and epistemology: Recent work on the connection between gender and knowledge. *Philosophy and Public Affairs,* 14(3):296-307.

Hollis, M. & Lukes, S. (eds.). 1982. *Rationality and Relativism*. Cambridge: MIT Press.

Krausz, M. & Meiland, J. (eds.). 1982. *Relativism: Cognitive and Moral.* South Bend: University of Notre Dame Press.

Laver, M. 1981. *The Politics of Private Desires.* New York: Penguin.

MacIntyre, A. 1981. *After Virtue : A Study in Moral Theory*. South Bend: University of Notre Dame Press.

MacIntyre, A. 1988. *Whose Justice? Which Rationality?* South Bend: University of Notre Dame Press.

Milne, A. J. M. 1985. *Human Rights and Human Diversity : An Essay in the Philosophy of Human Rights .* Albany: State University of New York Press.

Nozick, R. 1974. *Anarchy, State and Utopia.* New York: Basic Books.

Olson, M. 1965. *The Logic of Collective Action.* Cambridge: Harvard University Press.

Passmore, J. 1973. *Man's Responsibility for Nature.* New York: Charles Scribner's Sons.

Rachels, J. 1975. Active and passive euthanasia. *The New England Journal of Medicine* , 292 (2): 78-80.

Rawls, J. 1971. *A Theory of Justice*. Cambridge: Harvard University Press.

Regan, T. & Singer, P. (eds.). 1976. *Animal Rights and Human Obligations*. Englewood Cliffs: Prentice-Hall.

Rosemont, H. Jr. 1970. State and society in the Hsün Tzu: A philosophical commentary. *Monumenta Serica,* 29(1): 38-78.

Rosemont, H. Jr. 1986. Kierkegaard and Confucius: On finding the way. *Philosophy East and West,* 36(3): 201-212.

Rosemont, H. Jr. 1988a. Against Relativism. In Larson, G. & Deutsch, E. (eds.). *Interpreting across Boundaries: New Essays in Comparative Philosophy*. Princeton: Princeton University Press.

Rosemont, H. Jr. 1988b. Why take rights seriously? A Confucian critique. In Rouner, L. (ed.). *Human Rights and the World's Religions*. South Bend: University of Notre Dame Press.

Rosemont, H. Jr. 1991. Who chooses?. In Rosemont, H. Jr. (ed.).*Chinese Texts and Contexts : Essays Dedicated to Angus C. Graham*. LaSalle: Open Court.

Shue, H. 1980. *Basic Rights : Subsistence, Affluence, and U.S. Government Policy: 40th Anniversary Edition*. Princeton: Princeton University Press.

Stocking, G. Jr. 1968. *Race, Culture, and Evolution: Essays in the History of Anthropology*. New York: Free Press.

Werhane, P. 1985. *Persons, Rights, and Corporations*. Englewood Cliffs: Prentice-Hall.

Williams, B. 1985. *Ethics and the Limits of Philosophy*. Cambridge: Harvard University Press.

Wilson, B. (ed.). 1970. *Rationality : A Dream of Reason Meeting Unbelief*. Worcester: Basil Blackwell.

论"孝"为"仁"之本

罗思文　安乐哲

作为儒家道德生活的基础，"孝"是不是不可避免地会从亲伦关系走向任人唯亲，最后导致政治腐败？或者说，"孝"是否为"仁"的必不可少的条件？最近许多文章都对这一问题有所回应，我们饶有兴趣地阅读了这些文章，并从中获益良多（郭齐勇，2004）。

一方面，刘清平教授及其支持者对孔子和孟子的立场进行了理性的攻击，他们认为该立场似乎是为了保护违法的家庭成员免受国家惩罚。任何人都会认为，这种对正义的阻碍似乎是一种相当恶劣的"腐败"形式。简而言之，根据刘教授的立场，滋生腐败的罪魁祸首是"孝"，"孝"就是英文常说的"filial piety"（我们这里用"family reverence"或"family feeling"来翻译"孝"，以避免"piety"一词与基督教之间的紧密联系）。[1] 也就是说，作为亲密关系之首，"孝"是不道德行为的根源。

另一方面，郭齐勇教授等人则巧妙地捍卫了儒家传统。他们认为，对"孝"的重视并不一定会带来麻烦和偏袒，因此不应该认为"孝"必然滋生腐败。

我们要为儒家的立场辩护。但我们会从元伦理学的角度加入这场争论。也就是说，我们认为，在这场争论中，双方是在现代西方道德理论背景阐释儒家经典文本《论语》和《孟子》的，所以他们无法足够清楚地解释这两个文本，也不具有促进道德思维发展的视野。实际上，我们也试图用它们

---

① 对这个词的语义学上的详细分析，参见 Rosemont & Ames（2009）。

自己的术语展示这些古代文本，就关键的伦理（和政治）问题提供一种视角，这些问题至少像任何有竞争力的西方观点一样，值得我们关注。①

让我们以这场争论中提到的三篇文章中的第一篇（《论语》13.18 和《孟子》5 A3、7 A35）为例，开始我们的讨论：

叶公语孔子曰："吾党有直躬者，其父攘羊②，而子证之。"孔子曰："吾党之直者异于是，父为子隐，子为父隐，直在其中矣。"③

我们必须先理解这场争论的焦点。在儒家的框架内，到目前为止，参与这场争论的人似乎围绕着这样一个问题展开了讨论：对于孔子和他杰出的继承者来说，"孝"和"仁"何者才是最根本的？刘清平和其他批评者认为，这种对家庭的重视是以牺牲"仁"为代价的；毕竟，"仁"很难容忍甚至教唆非法的、不道德的行为，从而导致腐败。而像郭齐勇这样的儒家经典的维护者则认为，"孝"和"仁"在文本中的使用方式并没有不一致之处。"孝"为先是达到和维持"仁"所必需的，意即，有了"孝"这一先决和必要条件，我们才能让所有其他人产生同类情感。

但对于"孝"和"仁"孰先孰后的考量并没有触及根本问题。从争论中引用和分析的三个案例，我们可以清楚地看到，"孝"是核心——即不惜一

① 我们非常清楚，对于身处这场争论双方的我们的中国同仁们，他们中许多甚至是大多数人都不会同意我们对现代西方道德哲学和政治哲学的批评。我们终其一生都享受着这些理论带来的道德与政治上的成果，我们已经习惯于这种批评，但生活于其他国家的哲学家同仁们尚未享受过这些成果，他们可能并不想要这种批评。

② 这一段涉及儒家角色伦理学的两个核心概念："孝"和道德想象。根据朱熹的看法，这个父亲可能陷入了极度的困境——这里的"攘"字意思是"在困难情况下的偷"（to steal when in difficult straits）——需要靠偷东西来摆脱困境。但在这种解读中，如果假定父亲的罪行（crime）不存在了，儿子就变成道德败坏的了。或许儒家有一种更严肃的情景要考虑：事实上的、真正的困境。

③ 还有一些有趣的典故，参见《韩非子》（49.9.2）、《吕氏春秋》、《淮南子》（13/125/14）等。此处及本文其他部分出现的《论语》英译都出自 Rosemont & Ames（1998）。
作者译文：The Governor of She in conversation with Confucius said, "In our village there is someone called 'True Person.' When his father took a sheep on the sly, he reported him to the authorities." Confucius replied, "Those who are 'true' in my village conduct themselves differently. A father covers for his son, and a son covers for his father. And being true lies in doing so." ——译者注

切代价保护家庭成员，即使他们做了坏事。我们认为，尽管郭齐勇和经典的维护者们正把这场争论引向正确的方向，但围绕这个问题的争论却缺少了对言外之意的说明。

我们可以看到，很显然，这三个文本都提到了这一言外之意：对家族的忠诚没有超过对人性的忠诚——正如"仁"所要求的那样——而是"孝"优先于对国家的忠诚（统治者及其实施的法规）。这是一个关键的区别。例如，如果仅仅雇用我表姐当我的书店登记员，那么我个人对她的这种偏袒并不会招致人们的指责，人们并不会认为亲伦关系导致了腐败；只有当我表姐不能胜任书店登记员的工作，并且我是由政府任命的这一区域内的负责人时，亲伦关系才会成为问题。[1]

《孟子》一书中还有更直接的例子。如果我们的父亲或兄弟虐待母亲或嫂子，而我们决定带母亲或嫂子远走高飞，那么很少有人会质疑我们的道德。但在儒家经典文献中给出的三个例子，考虑的不是家庭而是法律不当行为：偷窃、过失杀人（如果不是谋杀的话）和蓄意杀兄。虐待配偶肯定是一种犯罪，在极端的情况下，我们很可能不得不叫警察来制止暴力。然而，当涉及我们的家庭，很可能还有我们的邻居和朋友时，我们做出什么选择必须视情况而定。我们不会在第一时间报警，报警只是最后的选择；至少在一开始，我们几乎肯定都会尝试用其他方法加以补救。

在西方哲学中，个人最后的忠诚是个古老的问题，至少是从柏拉图的《游叙弗伦篇》开始的。[2]游叙弗伦要去法庭指控谋杀罪行，而苏格拉底似乎对此兴趣不大，直到苏格拉底发现游叙弗伦指控的是他自己的父亲，并且

---

[1] 这里存在着争议。刘清平与他那些"与仁派"（pro-ren）同事可能会认为选择家庭为共同体（其他人）要优于国家。共同体与国家这二者需要区分（正如我们下面举例说明的）。但此处讨论的道德问题仍然是一个，介于家庭和国家之间，表现为共同体本身，而不是属于人的共同体，无论是区域的、国家的还是国际的。当刘清平声称"由亲伦关系所庇护的犯罪行为逃避法律德惩罚是不对的"的时候，他自己也清楚我们与他的意见不同。更何况，庇护亲伦关系引发的错误行为"是对法律的滥用"。舜对父亲的关心"保护了父亲免于法律惩罚，同时也使他失去了为正义而牺牲的可能性"。如果共同体准则缺少客观的执行者，还会有国家吗？还会有什么吗？但这里还有另一个问题。"谏"（remonstrance），也就是当父母做错事的时候孩子提出抗议的义务，在儒家关于"孝"的文献中占有突出的地位。既然如此，我们可以假定在任何情况下，儿子都要与家庭成员每一个受到损害的人尽最大的努力来承担这个义务。

[2] Hamilton & Cairns（1961：4a-4b）。

已证明这种指控是诸神所要求的虔诚行为。只有到了这时，苏格拉底才谈到宗教智慧多么重要，这个年轻人必须知道，他的宗教责任要求他在法庭上指控自己的父亲犯了谋杀罪。老石匠（苏格拉底）显然不相信游叙弗伦会这样做。但到对话结束时，只有在元伦理层面上，它才对我们有启发（尽管肯定有启发）。对于在实践层面上，我们最终应该忠于家庭还是忠于国家，《游叙弗伦篇》没有给我们什么启示。我们所知道的只是游叙弗伦不能为自己的行为提供好的理由。

这也许是西方哲学史所特有的。柏拉图在这方面并不孤单：后来的思想家没有一个能对忠孝应如何取舍做出满意的回答。事实上，在过去的两个半世纪，我们的哲学家甚至没有提出过这个问题。[①] 我们认为，探究忽视这一问题的原因，对每一位参与争论"孝"、腐败和"仁"之间关系的人都十分有益。

在整个西方哲学叙事中，随着古希腊人对灵魂的发现，人主要被看成抽象的、个性化的自我：自主的、理性的、自由的、（通常）利己的。从洛克时代开始，这种关于人是什么的观点就从未受到过质疑，到休谟和康德的时代已彻底成为不言自明的预设。[②] 的确，基础的个人主义是人性的启蒙模式，并且在那些平民革命中已成了一个关键的激励因素，鼓动人们遏制政府的过分专制。与此同时，西方哲学传统明显缺乏把家庭制度作为道德秩序的来源和模式的诉求。

如果我们明白这种个人主义式的人意味着什么，那么下一步似乎就是，

[①] 道德从属于家庭，杰弗里·布卢斯坦（Jeffrey Blustein）曾经做过这方面的短期研究。他写道："黑格尔之后，哲学家们再没有停止讨论亲子关系问题。他们不再成系统地将他们本有的道德与社会价值用于为人父母的习得。问题的关键在于对儿童的培育和对他们未来的预期，以及作为人而生存于社会中随处可见的种种深切的问题。详见Blustein（1982：95）。布卢斯坦并没有试图解释对人类基本生存样式的哲学方面的忽略。

[②] 这种抽象的、普遍性的"个人"概念已经变成了老生常谈，而且暗伏于对古典儒家思想的解读中发生影响。例如，黄勇在一部论文集的"导论"中提到刘清平的一个看法，认为孟子是不融洽的，因为孟子认为"爱"本身就是可能的，无须以家庭之爱为基础。根据刘清平的解读，孟子认为人性要与"四端"捆绑一起，这就意味着人作为个体性的、带有普遍性意义的概念比家庭关系更加具有根本特性。黄勇将孟子的矛盾辩为一种特殊性，他认为"孺子入井"（Child in the Well）这一节有力地证明了对他人的爱不是从家庭之爱中引申出来的。

在思考从道德方面应该如何对待同伴时，我们的看法应该尽可能抽象和普遍。如果每个人的尊严来自与个人主义相关的（宝贵）品质——自主、平等、理性、自由——那么我们必须始终尊重这些品质，因此在我们决定如何与他人互动时，性别、年龄、种族背景、宗教、肤色等无足轻重。

在这方面，我们有责任时刻寻求适用于大部分民族的普遍原则和价值。否则，世界和平的希望，消除群体冲突、种族主义、性别歧视、恐同症和民族中心主义的理想将永远无法实现。此外，获得这些普遍原则的最好方法，就是超越我们自身的时空定位和文化传统，意即克服我们的个人偏见、希望、恐惧以及好恶。在客观理性的基础上才能确保这些信仰和原则，我们应当把这些信仰和原则介绍给拥有理性的其他人，同样保证他们超越自身的时空位置、背景和偏见。我们不同的遗传、个性、性取向、宗教信仰以及其他许多因素把我们区分开来，这些都是可能发生冲突的根源。但是，正常的人有一定的推理能力，能将我们所有人团结起来，从而为人类的未来带来更大的希望，让未来比过去和现在少一些暴力。

这种对理性、客观性、公正性和抽象性的强调，有力地推动了伦理学的普遍主义。许多人，包括大多数西方哲学家，都受到了这种观点的影响，而且这种影响不无道理；它充满了和平、自由和平等的愿景。从这个角度看，在西方学界内部，这一观点很少受到挑战，挑战的似乎要么是无可救药的相对主义或威权主义，要么是两者兼有。

基于我们刚才概述的个人概念，两种主流的普遍伦理理论反映了这一方向：义务伦理学强调我们的道德义务，而功利主义则关注我们在道德领域中的行为后果。尽管在这场和"孝"有关的争论中，参与双方无疑对这些理论都很熟悉，但我们还是想简要地回顾一下，以便弄清楚我们是如何将这些理论置于道德哲学传统语境中的。

义务论与康德有关。康德的基本道德原则是"绝对命令"，它大致上指"要始终按那个会成为普遍法则的准则行事"（Always act on a maxim you could will to become a universal law）。康德试图为人类的道德行为建立一种确定的、普遍有效的基础，从而能够经受相对论和怀疑主义的挑战，意即，他认为自己已经构建了道德论证的逻辑，道德论证揭示了我们绝对的道德义务，而无须考虑历史经验、倾向或个人的价值观。因此，康德认为，自律实质上是一种内在的理性能力，不受外部环境的影响，使我们能够发展并遵守道德命令；自律避免了我们作为生活在特定时间、地点和文化中的独特个体的特殊性，它只建立在不矛盾的原则之上。

在康德之后的 3/4 个世纪，功利主义由杰里米·边沁（Jeremy Benthan）和约翰·斯图亚特·密尔（John Stuart Mill）开创，其最基本的原则是以最大化最多数人的利益或幸福为行为的目的（最小化其他人的损失和不幸）。在康德看来，逻辑支配一切，首先关注的是服从和一致，而不是结果；在边沁和密尔看来，情况更接近于相反（而不是完全相反），因为根据功利原则来计算道德主体的行为后果时，至关重要的是归纳可能性而不是演绎确定性。对于边沁和密尔来说，计算利益或幸福是我们道德思考中对理性的合理运用。然而，就像康德的绝对命令一样，效用原则是普遍的，它仅以理性为基础，且适用于所有的道德情况，在这种情况下，每个人都算作一个人，没有一个人能算作多个人。功利主义者认为，只有忽视个人特质——同样，忽视时间、地点和文化——才能够实现真正的正义与平等。①

这两种普遍的伦理理论在哲学、神学和政治理论方面都有过很多拥护者，这些人在其他领域也有巨大影响。一般来说，康德的影响在美国法庭上是相当明显的。在此领域，一致性和先例是值得珍视的，即使有时判决的后果是不利的，如著名的德莱德·斯科特（Dred Scott）或米兰达（Miranda）案。而立法者在制定法律时通常会考虑后果，当法律的后果似乎变得不利（废除禁令、草案等）时，废除法律就毫无问题。

如果我们对这些立场和问题的分析有价值，我们不仅可以看到为什么"忠孝"问题不能用西方的道德理论来回答：它们甚至不能被提及。事实上，任何有关家庭的道德问题都不能用这一框架来考察，因为我们不能把家庭成员定义为抽象的、自律的个人，即公众的一部分，家庭成员是有血有肉

---

① 此处密尔的观点出自《功利主义》（*Utilitarianism*）。

的，是十分特殊的男女老少，是与我们自身息息相关的同胞。① 因此，所有与家庭有关的道德问题都被"私人"领域的概念所涵盖，这个领域涉及个人品位和宗教信仰——一个道德和政治哲学无法进入的领域。

只有剥离人的所有独特个性，我们才能开始思考如何发展出一种道德原则理论，一种能在所有情况下都适用的理论。至于家庭，如果我们试图提出相关的道德问题（如忠诚与义务），并保持前后一致，那么我们将无从下手。因为在道德问题中，一旦我们使用"我的母亲"（my mother）这种表达，我们面对的就不是一个抽象的、自律的个人，而是一个孕育我们、给我们生命、抚育和安慰我们、为我们的利益而彻底奉献自身的人。

因此，在儒家著作中寻找某种普遍主义的原则，不过是徒劳无功。因为儒学是典型的特殊主义——绝对的特殊主义——就像康德、边沁和密尔努力成为普遍主义者一样。我们认为，在中国的经典文本中，为道德判断寻求原则性基础，就像要求一个康德主义者考虑特定的文化差异，并将其作为限定绝对命令的条件。而事实上，绝对命令恰恰是对原则是否成为无条件普遍法则的检验。简而言之，我们不能诉诸西方的道德理论来判定儒家的"忠孝"难题。②

在这种元伦理学背景下，现在我们想进一步论证并指出，《论语》和《孟子》能够为我们的多种道德和政治困境提供深刻见解，这是康德、边沁、密尔和约翰·罗尔斯（John Rawls）不能提供的，而且这些主流的西方观点要对我们当代的道德和政治困境负主要责任。如果这是真的，那么认识到儒家的教导不仅对当今的中国很重要，而且对世界上的每个人也都很重要。

---

① 女权主义哲学家玛莎·米诺（Martha Minow）和玛丽·林登·尚利（Mary Lyndon Shanley）指出，"家庭生活具有一种似是而非的特征"，即"个人必须同时被视为一个独特的个体和一个从根本上涉及依赖、关怀和责任关系的人。"然而，以这种方式同时"看到"他人，就像同时看到维特根斯坦的鸭子和兔子一样，是不可能的。

② 正如我们将在后文注意到的，当然可以从儒家经典中进行关于原则的概括，但这些与关于普遍"原则"的主张相距甚远，因为后者可以被一个反例所反驳。然而，概括不是被一个或几个例子所击败，而是被一个更好的概括所击败；我们不应该把英语中的"all"想成"many"或"most"。有些人可能会说，在《论语》5.12、12.2和15.24中发现的"黄金法则"是一个普遍的原则。我们认为，可以把它看作一种态度的粗略概括，这种态度用来决定一个人与他人的关系中什么是最恰当的，而不是一开始就假定知道什么对每个人都是正确的。事实上，它远不是伦理学上普遍主义的论据，而是反对普遍主义的论据。这是另一篇论文的主题。

要论证这些，我们必须理解儒家经典中的几个段落，这些段落将这场争论集中在它们自己的解释语境中。我们认为，按照其自身的术语，这些儒家经典文本直接描述的是我们的实际生活经验，而不是抽象的原则，这就证明了恢复家庭的亲密情感并把它作为经常出现的道德秩序之具体基础是合理的。我们将进一步论证，西方的伦理理论与儒家视野中的道德生活是有区别的：西方的伦理理论旨在使人们能够更连贯地思考和谈论道德，而儒家道德理想则是鼓励人们成为更好的人。我们把儒家的这种观点称为角色伦理学，尽管我们并不打算将其作为另一种道德理论来推进，而是将其当作一种人类繁荣的观点，一种将我们生活中的社会、政治、经济、美学、道德和宗教维度整合在一起的观点。① 从这个观点来看，我们不是离散意义上的个体，而是相互关联的人生活在多重角色之中，而不是在"扮演"这些角色，这些角色成就了我们自身，并允许我们在行为中保持个性。换句话说，我们是与同伴和谐相处的角色之总和。

让我们从儒家计划的重新制订开始，正如经典儒家著作"四书"中所阐述的那样。这些权威文献传达出的核心信息是，虽然家庭、社会、政治、美学和宇宙观的培养最终是相互关联和相互依存的，但仍然必须从儒家的个人培养计划开始。我们具有道德不是为了理解那些提供道德辩护的普遍原则而剥除我们自己的特定角色和关系；相反，我们通过这些角色和关系而变得有价值，这些角色和关系使我们成为道德意义的最终来源。每个人都是一个独特的窗口，折射出自己的家庭、共同体、政体等。通过个人培养和成长的过程，他们能够将人际关系问题的解决变得更加清晰和有意义。也就是说，意义的产生既是辐射状的——从一个人自己的角色和关系开始——也是附属性的，因为它是完全语境化的。培养自身为宇宙增添了意义，而这个有意义的宇宙反过来又为培养自身提供了丰富的语境。

另外，我们应当将个人培养视为儒家基本的精神原则，形成一种强烈

---

① 许多当代的比较哲学家，尤其是英语国家的比较哲学家，现在都或多或少地把儒家学说描绘成一种"美德伦理"，就像亚里士多德和他同时代的拥护者那样。我们自己的观点是，儒学并不比道义论或结果论更符合西方的"德性"伦理模式，事实上，它也不是西方意义上的"道德理论"。关于这一点的讨论，以及关于儒家角色伦理如何不同于亚里士多德经典美德伦理模型的扩展论证，请参见我们对《孝经》的翻译和注释。

的归属感，让我们成为某种比自身更庞大、更持久的东西的一部分。这种情感始于家庭（"孝"），随着我们的不断努力，最终产生一种面向全人类的亲近情感，从而实现"仁"。但显然家庭必须是这一原则的基础。[1]

然而，个人培养不仅是一个人个人生活和家庭的前提，而且是一个更美好世界之发展的前提。这是《大学》的基本要义。《大学》明确地指出，一个人只有致力于个人修身，才能获得认知的能力，从而让世界和自己变得更好。这一点很重要，我们必须弄清楚前提是什么。前提是有教养的人由亲密的家庭关系所建构，但绝对不是要与国家竞争，了解这一前提才是有效治理的根源，因此，要维持健康的政治"树冠"，必须适当考虑到这一点。家庭与国家之间的这种连续性在文本的结语中阐述得很清楚：

> 自天子以至于庶人，一是皆以修身为本。其本乱而末治者否矣。其所厚者薄，而其所薄者厚，未之有也。此谓知本，此谓知之至也。[2]

同样，在《论语》14.35 中，孔子坚持道德秩序由此及彼："下学而上达。"[3] 在《论语》12.1 中，孔子坚持认为，成为完美的人的行为是自发的。这种完美行为根源的自发属性，使得任何道德准则都不是抽象原则，而是对各种特殊状况的概括。在《论语》1.2 中，有子声称"仁"始于家庭，也就是说，完美人性的基础是"孝"：

> 君子务本，本立而道生。孝悌也者，其为仁之本与？[4]

---

[1] 见 Hall & Ames（1987）。关于政治，可参见 Rosemont（2001）。

[2] 作者译文：From the emperor down to the common folk, everything is rooted in personal cultivation. There can be no healthy branches when the root is rotten, and it would never do for priorities to be reversed between what should be invested with importance and what should be treated more lightly. This is called both the root and the height of wisdom. ——译者注

[3] 作者译文：I study what is near at hand and aspire to what is lofty. ——译者注

[4] 作者译文：Exemplary persons (junzi 君子) concentrate their efforts on the root, for the root having taken hold, the way will grow therefrom. As for family reverence (xiao 孝) and fraternal responsibility (ti 悌), it is, I suspect, the root of becoming consummate in one's conduct (ren 仁). ——译者注

正因为"孝"是儒家角色伦理的基础，并且政体在这一传统中是家庭的直接延伸——也就是字面意义上的"国家"（country-family）——孔子才会进一步宣称，成为一个负责和有用的家庭成员就类似于治国：

> 或谓孔子曰："子奚不为政？"子曰："《书》云：'孝'乎！惟'孝'友于兄弟，施于有政，是亦为政。奚其为为政！"①

这一段很容易被误解为极简主义——我们每个家庭成员都为更大的政治秩序做出了自己的小小贡献。然而，孔子的观点恰恰相反。我们大多数的政治生活与家庭紧密相关。如果我们追问，在实现宇宙和谐上，国家和家庭哪个相对重要，我们就必须承认家庭是政治秩序的最终基础，没有它，政治秩序就是一个骗局。也正因为如此，任何鼓吹民主与共同体的繁荣无关的口号都是空洞的，也就是阿弗烈·诺斯·怀特海（Alfred North Whitehead）所说的"错置具体性"。更进一步说，讨论共同体的繁荣而不涉及健康的家庭生活，同样是空洞的抽象。

要在世界传承的背景下追求个人修养，这种"观念"是宇宙意义的终极源泉，《中庸》反复重申了这一点，并为我们提供了道德词汇：

> 中也者，天下之大本也。和也者，天下之达道也。致中和，天地位焉，万物育焉。②

重申一下我们之前所说的，儒家角色伦理学不是抽象理论，不为我们

---

① 作者译文：Someone asked Confucius, "Why are you not employed in governing?" The Master replied, *"The Book of Documents* says, 'It is all in family reverence! Just being reverent to your parents and a friend to your brothers is carrying out the work of government.' In doing this I am employed in governing. Why must I be 'employed in governing?'" ——译者注

② 作者译文：This notion of equilibrium and focus (zhong 中) is the great root of the world; harmony (he 和) then is the advancing of the proper way in the world. When equilibrium and focus are sustained and harmony is fully realized, the heavens and the earth maintain their proper places and all things flourish in the world. ——译者注

可能会遇到的特定问题提供有原则的道德判断，也不主张开发一种深思熟虑的理性方式，以便实现某种道德目的。儒家的目标是发展整体的道德生活，在这个过程中，一个人为了实现道德（以及审美、宗教等）而有道德地行动。它是一种试图通过"仁"而实现完美生活的方式。正是不断前进中的美学、道德和宗教想象，使一个人可以在行为中达到"义"，这是努力通过角色和关系中的个人技能来实现生活的最大意义。

因此，在这几个段落中，儒家讨论的不是关于个人行为的法律问题。上面的例子说明，儒家的问题不是"儿子包庇犯罪的父亲是否正义"，而是前提是什么：《大学》用比喻的方式说明了这一点，即把"树根"作为"枝冠"的前提。的确，重点不在于父亲作为一个独立的、自律的个人对国家犯下罪行，而在于相互建构的父子关系在发生冲突时如何能继续保持"真实"。角色和关系建构了家庭和共同体，并延伸至国家，一个人应该怎样做才能最好地维持整体的和谐？[①] 在此我们假设，在这一案例中，把认同儿子的指控行为作为合适的行为方式，不仅对家庭最终利益和共同体和谐有害，而且最终会严重影响国家繁荣的前景。

我们可以举一个在现代社会更常见的例子。如果一个人发现他的孩子在商店行窃，最有效的反应是什么？我们是否应该打电话报警，在法庭上审判罪犯，并将其通过媒体进行曝光，让政府和公众来解决问题，从而迅速将罪犯绳之以法？当然，我们有禁止偷窃的法律。

一个更有创意的解决方案可能是，陪一个做了坏事的好孩子回到犯罪现场，并允许孩子与财产受损的店主沟通情况。从短期来看，其结果可能是尽力补救，做到物归原主。从长期来看，不仅要教育儿童，而且要加强所有相关人员的团结。这符合每个人的利益——父母的、孩子的、店主的和国家的——这一有创意的方案解决了问题，妥善避免了不好的情况。如果由于缺乏创意而把孩子扔在一条很可能最终走向犯罪的道路上，那么这将对任何人都没有好处。

---

① 用这种方式来表述问题是很重要的，因为基于西方的观点，人们很可能会问："当另一方不履行职责时，我们该怎么办？"但是，这当然是通过要求一个原则来回避孔子的问题，如果我们是正确的，那么在早期的经典中是找不到这种原则的。即使是那些诉诸原则的人，也有情有可原的情况或免责条件。

也许有人会立刻反对，他们认为孩子和偷羊的成年父亲在道德能力上可能存在差异。对此，我们可以进行反驳：父亲这一成人是怎么来的？儒家传统重在先发制人，试图建立一种社会结构，减少犯罪可能性，而不是事后严厉判决。我们最好还是创建一个共同体，避免虐待配偶的事情发生，而不是在受害者已经受到伤害甚至更糟后，努力找一个绝对保险的程序来惩罚或赔偿——尤其是大量证据表明，惩罚或赔偿的威胁并不能真正制止犯罪活动。

在《论语》1.13 中，我们读到"信近于义，言可复也"；当我们追问道德意义的来源时，答案可能是鼓励共同体以诚信为生活方式，而非事后采用审核程序以根除腐败。在儒家传统中，是紧密交织的家庭纽带而非不可侵犯的法律促进了共同体的繁荣。事实上，诉诸法律被广泛认为是一种没有人性的（尽管有时是必要的）最后手段。在世界范围内，援引法律就是对共同协作失败的明确承认。

因此，在确定前提时，儒家角色伦理学的最初反应是，诉诸我们的家庭和共同体内的道德资源，去重建一种公共和谐，这种和谐有时会因轻率的行为而减弱。我们面临的挑战是如何最大限度地利用这些资源，使情况达到最佳状态。"孝"（family reverence）绝不是腐败的根源，它是我们避免腐败，并提供优于现存的、更为人道的社会和政治秩序的最大希望，因为它是"仁"的基础。

当然，在放弃作为西方伦理和宗教思想基础的个人自律时，我们要权衡一下。这种人类经验的思维方式带来了许多我们高度重视的东西：个人自由和独立、平等、隐私、权利和授权、个人尊严，以及人类生活的神圣性。这些对我们大多数人来说都是好东西。但必须看到的是，当我们凸显这些品质，把它们作为人类价值的前提时，我们就要付出很大代价。个人主义会减弱我们的羞耻感和责任感，也会降低我们对相互依赖的认识。我们每个人在道义上都应该尊重其他所有人的公民权利和政治权利。政府常常疏于承认这种尊重，甚至更糟，但是对个体来说，这是很容易的，因为我们只要忽视其他权利，就可以充分尊重那些权利。例如，你当然有权发言，但不能强迫我们听你的言论。的确，极端个人主义会使人产生各种情绪——疏离、消沉和自私自利，并且在面临严重的社会不公正时继续倾向于 "指责受害者"，尽管对共同体责任的否认是荒谬的。过多的自由变成了放任，过多的独立变成了孤独，过多的自律变成了道德自闭，对人类的过度神圣化导致了大量物种的灭绝。

我们的全部论点很简单。仔细考察儒家角色伦理学后，我们不禁要追问：提高对 "孝" 的中心地位的认识后，会产生什么样的实际效益？在道德、社会、政治和宗教方面，当我们不得不在一定程度上放弃对个人自律的情感依恋以及它所带来的一切时，我们能得到什么？这样的权衡值得吗？这就是我们提出和反思的问题，也是我们留给读者自己思考的问题

参考文献

Blustein, J. 1982. *Parents and Children: The Ethics of the Family*. Oxford: Oxford University Press.

Hall, D. L. & Ames, R. T. 1987. *Thinking Through Confucius*. Albany: State University of New York Press.

Hamilton, E. & Cairns, H. 1961. The *Collected Dialogues of Plato : Including the Letters*. Princeton: Princeton University Press.

Rosemont, H. Jr. 2001. *Rationality & Religious Experience : The Continuing Relevance of the World's Spiritual Traditions*. La Salle: Open Court Publishing Co.

Rosemont, H. Jr. & Ames, R. T. 1998. *The Analects of Confucius: A Philosophical Translation*. New York: Ballantine Books.

Rosemont, H. Jr. & Ames, R. T. (trans.). 2009. *The Chinese Classic of Family Reverence: A Philosophical Translation of the* Xiaojing. Honolulu: University of Hawai'i Press.

郭齐勇. 2004. 儒家伦理争鸣集：以亲亲互隐为中心. 武汉：湖北教育出版社.

《论语》中的"孝":儒家角色伦理及其代际传承

安乐哲　罗思文

一、"孝"与关系的优先性

如果快速浏览一下《〈论语〉指南》①目录中的章节标题，读者应当会相信定义哲学叙述时角色和关系的核心地位，正如《论语》所叙述的那样。儒家庞大的价值系统发端于"仁"，我们将其翻译为"完美行为"（consummate conduct）。在描述、分析和评估人们作为人的品质，以及他们所处的家庭、社会机构等共同体的效能时，人与人之间的关联性才是首要的，而不是他们的个体性。有一些人类学的文章讨论过这一道德哲学问题，但我们很快就能注意到，如果关注人的从属关联性而非独立个体性，以这样的方式进行考量，那么孔子并不是一个道德哲学家，即便亚里士多德、康德和密尔等都是道德哲学家。从这个意义上来说，几乎其他所有的西方道德哲学家都只关注独立和个体化。事实上，我们甚至可以说，孔子本身并没有提供一种道德理论，而《论语》为我们展示了一幅道德生活的图景，以及一种相互关联的、具体的、完美行为（仁）的叙事视角。

《论语》中有一个具有戏剧色彩的关键人物，他用自己的行为凸显了这种关联的重要性，这就是孔子的弟子曾子。在整个古典文本中，如果"孝"有一种最充分的表达方式，那么与这种表达方式联系最为紧密的典范型人

---

① "Dao Companion to the *Analects*, Dao Companions to Chinese Philosophy"丛书之一，由施普林格·自然集团（Springer Nature）于 2010 年出版。——译者注

格，非曾子莫属：

> 曾子有疾，孟敬子问之。曾子言曰："鸟之将死，其鸣也哀；人之
> 将死，其言也善。君子所贵乎道者三：动容貌，斯远暴慢矣；正颜色，
> 斯近信矣；出辞气，斯远鄙倍矣。笾豆之事，则有司存。"①

从这段话中可以看出，曾子清楚地意识到自己即将死去，他开始劝诫
听众要注意他所说的话，因为他相信他临终时所说的话是真正重要的。

曾子所传达的信息是君子所认为的对道德生活至关重要的三种行为习
惯，即庄重的举止、得体的仪容以及对有效沟通的承诺，这三种行为习惯
对于人际关系的有效发展是至关重要的。这种关系的发展才是儒家角色伦
理的实质。此外，如果不能培养出这些行为习惯，就会导致粗俗、不得体、
暴力和恶意的行为——作为瓦解关系的直接根源，这些行为对儒家来说就
是不道德行为的实质。与这种对关系质量的至关重要的关注相比，精致生
活的物质方面——如礼器的安排——被认为具有边际效应。

二、生活关联性、艺术技巧及儒家角色伦理

在本部分中，考虑到曾子的遗言，我们对"孝"的讨论从一个假设开
始。这一假设是：在《论语》的解释框架中，相互关联的人际生活是无可争
议的经验事实。每个人的生活和每件事的发生都处于一个重要的自然、社
会和文化背景中，我们在家庭和社会中扮演的不同角色不过是被特定的、
与生活有关的模式所规定的这些角色，包括：母亲、孙子、老师、邻居等。

---

① 作者译文：Master Zeng was gravely ill, and when Meng Jingzi questioned him, Master Zeng
said to him, "Baleful is the cry of a dying bird; felicitous are the words of a dying person.
There are three habits that exemplary persons consider of utmost importance in their vision of
the moral life: By maintaining a dignified demeanor, they keep violent and rancorous
conduct at a distance; by maintaining a proper countenance, they keep trust and confidence near
at hand; by taking care in their choice of language and their mode of expression, they keep
vulgarity and impropriety at a distance. As for the details in the arrangement of ritual
vessels, there are minor functionaries to take care of such things." ——译者注

我们必须把人际交往视为一个简单的事实，然而，在家庭、社区和广泛的文化叙事中激发和产生艺术技巧的完美行为——我们称之为"儒家角色伦理"——是一项成果，是我们可以用想象力去理解的关联性事实。

健康生活的方式和目标是达到平衡，在这种平衡中我们能够通过社会和自然活动中的适当举措，充分利用事务性的人类经验来把握取和舍的度。正如人类学家张燕华所说：

> 这里定义的和谐与汉语中的"度"（程度、范围、位置）有关……换言之，在一个动态交互式的环境中，当每个特殊部分以其独特的方式展示自身并符合一个恰当的"度"时，和谐便产生了（相得益彰）。（Zhang，2007：51）

例如，父母可能宠爱他们的孩子，但不应该讨好他们；幼儿必须学会顺从而不卑躬屈膝；兄弟姐妹之间应该互相帮助而不是要求回报，应该互相批评却不能心胸狭窄。爱、悲伤、情感和快乐可以通过多种方式表达出来，每一个年轻人都能从学习和参与日常礼节中学会与陌生人交往的社会习俗，从问候到告别，再到一起分享食物。

因此，在我们应该如何行动和下一步应该做什么上，家庭和社会角色本身具有规范的力量。事实上，正是这种不断提升和改进我们生活角色和关系的过程，让相关联的生活中的大部分内容促使我们将儒家道德描述为角色伦理，并认为儒家角色伦理是我们观点中自成一格的方向，这一方向在西方哲学中没有近似的道德对立面。

在这个关联性生活的持续并行和放射性的过程中，在独特并不断变动的关系中，培养一个独特的人是根本，相互依赖的个人纽带由此生发出树冠，以定义各种家庭、传统、邻里、团体中的社会氛围，每一个都为盛行的社会伦理做出自己的贡献。正如《大学》叮嘱我们的一样，在各自成为完美之人的重要过程中，个人修养是最基本的，我们必须给予其最高优先权：

自天子以至于庶人，一是皆以修身为本。其本乱而末治者否矣，其所厚者薄，而其所薄者厚，未之有也。①

在儒家角色伦理中，社会和政治秩序产生并依赖于家庭制度中的个人修养。著名的社会学家费孝通反思了中国以血缘为基础的社会政治治理模式的当代形态，这种模式早在周初的典籍和青铜铭文中就已得到证实。他比较了那些有社会组织功能及明确界限的离散个体所构成的群体（他称之为"协会"的组织模式）和中国的亲属关系模式（他把这种模式比作"一块石头扔进湖里形成的同心圆"）（Fei，1992：63）。我们可能会注意到，费孝通的类比因"涟漪"（沦）与"关系秩序"（伦）是同源和同音而得到加强，此处的假设是，一种好的人生是在越来越宽敞的社会圈子里向外扩展（推）自己的涟漪，以完全参与到宇宙秩序的建立中的过程。

费孝通为我们提供了一个有用的术语，可用来澄清一种传统的含义，在这种传统中，亲属关系和关联性是最重要的。他指出，"关系秩序"（伦）这个词不仅是指特定的家庭和社会关系本身（丈夫和妻子，统治者和统治对象），还意味着在这些相同的关系中可能实现的意义（高贵或卑鄙，亲密或遥远）。意即，"伦"既指特定的角色本身，也指在我们称之为"儒家角色伦理"的角色中成长和细化的过程。我们可能会注意到，英语单词"ethics"在现代汉语和日语中的翻译是"深思熟虑的"，主要来源于汉代早期的"伦理学"（林里加库的观点），意即，"对人类关系中实现的有意义的连贯性的研究"。在这种情况下，我们不得不承认，"伦理"一词本身就意味着"角色伦理"，也就是说"儒家伦理"实际上就是"儒家角色伦理"。

此外，费孝通认为，亲属关系的主导模式分层定义了角色和关系——他称之为差序格局——由无数个人关系结成的网产生了其独特的道德种类（Fei，1992：78）。费孝通坚称，"儒家伦理不能与呈扇形扩散的离散中心理

---

① 作者译文：From the emperor down to the common folk, everything is rooted in personal cultivation. There can be no healthy branches when the root is rotten, and it would never do for priorities to be reversed between what should be invested with importance and what should be treated more lightly.——译者注

念分离"（Fei，1992：68）。简而言之，对费孝通来说，"没有道德观念……超越人类关系的特殊类别"（Fei，1992：74）。也就是说，作为人类关系根源的亲属关系由"孝"和"悌"的价值来定义。友谊作为这种亲属关系模式的延展（包含了非亲属关系），通过"做到极限"（忠）以及"信守诺言"（信）的伦理得以实现。所有这些伦理价值都是在家庭和团体的特定个人关系中实现的。

这种角色伦理在孔子的政治思想中也有重要的体现。《论语》中有一段很有名的文字，孔子把具体的角色本身作为指导原则，声称正确使用这些名字对于有效的管理就像对于建立一个兴旺的家庭一样重要。当他被齐景公问及如何有效治理国家时，他很简单地回答："君君、臣臣、父父、子子。"① 齐景公很高兴，他大声说，如果我们不能有效地发挥我们的作用，社会和政治秩序就会完全丧失。

有许多充分的理由来解释这段话，可以认为它更关心人们通过这些伦理关系所表达的角色和理念，在把它们当作语言单位的同时，又不仅仅把它们当作语言单位。在整个古典儒家思想中，正确和有效地使用语言（正名）的论点是关系的实质，对于繁荣的团体来说，它与其他团体的关系是基本要素。恰当地使用语言是我们如何在团体中"恰如其分"，从而得到最有意义的结果的关键。事实上，这两种行为的特质——恰当性和意义性——被儒家术语"义"所准确捕捉，此乃道德生活的传统视角的中心词。作为影响社会秩序的主要源泉，语言的力量并未在孔子身上消失：

> 子路曰："卫君待子而为政，子将奚先？"子曰："必也正名乎！"
> 子路曰："有是哉，子之迂也！奚其正？"子曰："野哉由也！君子于其
> 所不知，盖阙如也。名不正，则言不顺，言不顺，则事不成，事不成
> 则礼，乐不兴，礼乐不兴，则刑罚不中，刑罚不中，则民无所措手足。

---

① 作者译文：The ruler must rule, the minister minister; the father father, and the son son."
　　——译者注

*故君子名之必可言也，言之必可行也。君子于其言，无所苟而已矣。"*①

在以上段落中，孔子关注如何正确使用名字的问题，以便于在构成兴旺的家庭、团体和政体的关系中实现意义。他不诉诸价值术语，没有提供抽象的原则，也没有提醒我们要使用委婉语。意即，他并没有劝我们把平庸的事物描述为"好"，也没有劝我们要诚实和节制，更没有建议我们避免使用"附带损害"来描述对平民的杀戮。相反，他认为，我们的角色和关系需要我们有效地相互联系。然而，这并不仅仅是通过我们的语言行为来实现的。言语行为虽然明显很重要，但也要通过非语言的完美行为如我们角色的其他方面来实现。因此，我们也应该理解孔子在这些段落中规劝我们的，尤其是在 12.11 节，"君君、臣臣、父父、子子"②。

为了更深入地了解社会和政治关系的不同作用，而不至于退化到奴态，我们可能需要反思"上"与"下"的等级属性。尽管汉字的图形确实包含了这些含义，但如果读者看到孔子描述的不是个人之间、平等者之间的行为，而是我们日常生活中施恩者和受益者之间的行为，那么他们就会更容易欣赏文章的内容。当我们记得我们均为日常生活中的施恩者和受益者时，通常伴随着儒家早期家庭系统等级属性的消极性或许可以被一种更值得赞赏的态度取代，因为等级性——如果是关系的正确术语的话——根本不是专

---

① 作者译文："Were the Lord of Wey to turn the administration of his state over to you, what would be your first priority?" asked Zilu. "Without question it would be to insure that names are used properly (zhengming)." replied the Master. "Would you be as impractical as that?" responded Zilu. "What is it for names to be used properly anyway?" "How can you be so dense!" replied Confucius. "Exemplary persons defer on matters they do not understand. When names are not used properly, language will not be used effectively; when language is not used effectively, matters will not be taken care of; when matters are not taken care of, the achievement of a ritual propriety in roles and relations and the playing of music will not flourish; when the achievement of ritual propriety and the playing of music do not flourish, the application of laws and punishments will not be on the mark; when the application of laws and punishments is not on the mark, the people will not know what to do with themselves. Thus, when exemplary persons put a name to something, it can certainly be spoken, and when spoken it can certainly be acted upon. There is nothing careless in the attitude of exemplary persons toward what is said." ——译者注

② 作者这里采用的是意译: See here, you know what it is to be a good father (minister, ruler, son); now be one！——译者注

属于精英的或具有排斥性的。我们不仅对不同的人扮演施恩者和受益者的角色，还经常对同一个人扮演不同的角色：我们年轻时是父母的受益者，父母年老体衰时我们成为施恩者；当我们需要朋友的帮助时，我们是其受益者；当朋友需要我们的帮助时，我们是朋友的施恩者。这些也是我们生活中的经验事实。

三、作为文化传递方式的家族血统

正是因为在儒家的道德生活视角下道德发展能力的切入点是家庭关系，所以作为"家庭尊崇"的孝在《论语》中有独特的重要地位。但在谈到孝之前，我们首先必须澄清家庭制度在儒家语境中的性质和意义。费孝通对比了核心家庭和前现代中国家庭的主要模式：人类学家将繁衍视为核心家庭的主要意义；而前现代中国家庭则是同姓氏之人血脉的延续，进而同一氏族（家族）的人拥有相同的姓氏。虽然血统也具有繁殖的功能，但费先生坚持认为，在中国人的经验中，血统是"组织一切活动的媒介"（Fei，1992：84）。也就是说，除了家庭的延续之外，血统还具有复杂的政治、经济和宗教功能，这些功能沿着父子和婆媳关系的垂直轴和等级轴来表达。通过祖先崇拜的各种制度，血统关系在社会和宗教上再次得到加强。考古学告诉我们，这种持续的做法至少可以追溯到新石器时代（Keightley，1998）。

当然，考虑到中国家族谱系的结构随着时间的推移发生了巨大的变化，这种概括必须根据时间和地点的变化加以限定。尽管如此，周亦群的观点还是在学术界引起了共识，她声称，前现代中国社会"在几千年的时间里，很大程度上是一个由亲属原则组织的政体"（Zhou，2010：19）。当权衡社会秩序在多大程度上源自并依赖于家庭关系时，周亦群坚称与希腊相比，"中国从来没有被设计为一个与其公民总数相称的政治共同体"，"统治者和被统治者之间的关系被认为是类似于父母和孩子之间的关系"（Zhou，2010：17-18，51）。她说，在中国古代世袭比君权更为重要（Zhou，2010：19，55）。正是这种持续的以家庭为基础的社会政治组织，在中国古老的文化中最终提升了特定的家庭价值和义务，这些价值和义务被"孝"这个词所定义，以管理道德的方式发生作用。

四、作为道德管理规则的"孝"

亲属关系在家族谱系思想中占首要地位，那么孝指的是什么呢？"孝"由表示"老人"（老）的图形和表示"儿子、女儿"（子）的图形构成，鼓励一个存在性的而不是公式化的、对这种特殊形象组合的理解。就像"仁"要求我们构建自己的存在感，这种存在感就是在我们与特定他人之间的关系中成为一个完美的人一样，当我们回忆父母和祖辈、照料儿孙时，"孝"也通过代代延续的叙述直接影响着我们的生活。事实上，如果观察甲骨文字"老"的最初形式，我们会发现它描绘了一个长头发的老人拄着手杖的情景，后来它在小篆体中程式化为与现在的"老"字比较接近的字形。如果我们将"老"的早期形式和甲骨文中"孝"的形式做一个比较，会发现年轻人的图形代替了老人拄着的手杖的图形。孝无疑是长辈们从后辈们那里得到的支持，但也是年轻一代转变为他们尊崇之人的变体的新鲜而持久的关键过程。老一代实际上在身体上以及后代的生活经验中得到了延续。

儒家通过行为成为完美之人的孝之核心，在我们耳熟能详的《论语》段落中表现得非常明显。

> 君子务本，本立而道生。孝悌也者，其为仁之本与？[①]

通过采取孝顺家庭成员、尊敬长辈的实际行动来成为完美之人的本质是什么呢？我们必须提醒读者，当孔子年轻时或者以官方身份一次又一次地强调服从的重要性以及人一生要采取的顺从行为时，他不是在给孩子们教习礼貌或者奴性（这很糟糕）。他的听众都是成年人。虽然他坚称，这些人际行为模式对于家庭繁荣和社会和谐是必要的，但他同样引导他的弟子

---

① 作者译文：Exemplary persons (junzi 君子) concentrate their efforts on the root, for the root having taken hold, the way will grow therefrom. As for family reverence (xiao 孝) and fraternal responsibility (ti 悌), it is, I suspect, the root of becoming consummate in one's conduct (ren 仁). ——译者注

走向精神修养的道路。在这条道路上，通过对家庭中长者的尊敬态度来表达适当的行为是一种文雅的标志：

> 今之孝者，是谓能养。至于犬马，皆能有养；不敬，何以别乎。①

这种尊敬始于家庭，它也必须成为一种行为模式，并关注所有社会成员的不懈努力：

> 仲弓问仁。子曰："出门如见大宾，使民如承大祭。"②

换言之，人们必须时刻注意自己与他人的行为是否恰当，并培养对行为的正确态度。孔子对此进一步阐释说：

> 恭而无礼则劳，慎而无礼则葸，勇而无礼则乱，直而无礼则绞。③

我们在阅读这些段落时发现，"孝""悌"等作为"仁"的实际表达，并非从一开始就是对人性的描述。如果我们把"人性"作为人类行为的产物而不是最初来源，那不是本末倒置了吗？

这些段落表明，人的本性和我们作为人的修养与我们在家庭和团体中扮演的角色是分不开的，这些角色处于不断的变化和发展中。关系构成的人出生在他们的家庭和团体关系中——没有家庭和团体关系，他们将不复存在，也不能离开家庭和团体而成长。在作为《论语》阐释语境的关系宇宙

---

① 作者译文：Those today who are filial are considered so because they are able to provide for their parents. But even dogs and horses are given that much care. If you do not respect your parents, what is the difference?——译者注

② 作者译文：Zhonggong inquired about consummate conduct. The Master replied, "In your public life, behave as though you are receiving honored guests; employ the common people as though you are overseeing a great sacrifice..."——译者注

③ 作者译文：Deference unmediated by ritual propriety is lethargy; caution unmediated by observing ritual propriety is timidity; boldness unmediated by ritual propriety is rowdiness; candor unmediated by ritual propriety is rudeness.——译者注

论中，通过确定人类本性的概念，我们认为"根本""潜力""原因"和"根源"有时会被视为单方、排他、与人类本性相关的术语，这些本性被重新构想为并行的、互惠的、反身的过程。

也就是说，以"根"为例，树和它的根是一个互动的有机整体，它们要么一起生长，要么根本不生长。虽然一般认为根可以使树生长，但树反过来也可以使根生长。作为儒家个人修养计划的《礼记·大学》通过阐述在实现个人完美中应当享有的最优先权利来总结这一重要文本。用原文的话来说：

> 此谓知本，此谓知之至也。①

从中可以看出，个人修养是"根"和它的产物，"智慧"则被视为一个有机整体，这两者是看待同一现象的两种方式。换言之，正如个人是对他两者持久"友谊"的具体现实的抽象，"根"和"智慧"也是对家庭和团体关系中成为完美之人的具体过程的抽象。除了我们的家庭和团体关系，"仁"没有任何意义和可能性。总而言之，除了从根和根源上考虑"孝"之外，"孝"也许会被理解为一种资源——一种在美学、伦理、社会和精神层面实现完美行为的资源。

五、作为意义传承和表达的"孝"

与这种根和树作为一种象征过程的理解形成鲜明对比的是，将根视为一个独立的个体，并认为它反映了关于整体宇宙的假设，这个假设要求一个依赖于语境的答案，以回答一个最基本的、永恒的哲学问题：意义是从哪里来的，又是怎么表达的？在西方传统中，答案很简单：意义来自超越个体的圣人，他们为我们提供了对生命目的的持续愿景，当我们迷失方向时，我们必须回到这个源头。对于儒家来说，如果不诉诸某种独立的、外在的

---

① 作者译文：This is called both the root and the height of wisdom.——译者注

原则，意义就会从一个重要的、有意义的关系网络中产生。在自己的家庭关系中运用人际关系技巧的个人承诺既是起点，也是个人、社会乃至宇宙意义的最初源泉。意即，通过在家庭内外建立和扩展健全的关系来培养我们自己，通过增加宇宙的意义来扩大宇宙；而反过来，这个越来越有意义的宇宙为我们的个人培养计划提供了一个丰富的背景。

当我们思考孔子在《论语》中对自己的描述时，我们必须记住"根"和"源"的另一种含义：

> 述而不作；信而好古；窃比于我老彭。①

几个世纪以来，许多评论家都把这段文字看作孔子文化保守主义的写照。例如，早在墨子时代，孔子就被认为完全是一个传播者，并被严厉批评为不给世界提供生机的保守主义：

> 又曰："君子循而不作。"应之曰：古者羿作弓，伃作甲，奚仲作车，巧垂作舟；然则今之鲍、函、车、匠，皆君子也，而羿、伃、奚仲、巧垂，皆小人邪？且其所循，人必或作之；然则其所循，皆小人道也。②

墨家对儒家思想的这种批评，一直存在于评论传统中并延续至今。当代政治哲学家萧公权（Hsiao Kung-chuan）将这种实证的、长期的儒家保守

---

① 作者译文：The Master said: "Following the proper way, I do not forge new paths; with confidence I cherish the ancients——in these respects I am comparable to our venerable Old Peng." ——译者注

② 作者译文：Again the Confucians say: "Exemplary persons follow and do not innovate." But we would respond by saying: "In ancient times, Yi introduced the bow, Yu introduced the armor, Xizhong introduced the carriage, and the tradesman Qiu introduced the boat. Such being the case, are today's tanners, smiths, carriage-makers, and carpenters all exemplary persons, and are Yi, Yu, Xizhong, and the tradesman Qiu simply petty persons? Further, since whatever it is the Confucians are following had to be introduced by someone, doesn't this mean that what they are in fact following are the ways of petty persons?" ——译者注

主义描述为"模仿过去"（法古）（Hsiao，1979：79-142）。最近，爱德华·斯林格兰（Edward Slingerland）在解读《论语》中的这段话时，将自己与追溯至周朝黄金时代的儒家思想联系起来。他指出：

> 更有可能的是，对孔子同时代的人们来说，孔子支持的是传承，因为睿智的周王建立起一系列理念制度，这些制度完美地符合人类的需求。（Slingerland，2003：64）

与保守解读相反，我们不同意该解读，我们认为这篇文章更能说明孔子对代际传承的本质和动态的理解。在这个传承的过程中，从"家庭尊崇"（孝）概念中捕捉到的顺从模式是一个关键因素。借用《易经》中的语言，我们会说，在历史上被人们所记住的孔子，实际上是一个特别好的例子，证明了这个权威文本所依据的宇宙论假设。和《易经》中的观点一样，他认为"持久性与变化"（变通）跟"不断繁衍"（生生不已）这样的语言最能表达自然和文化叙述的展开。可见，孔子重视传统核心准则，他是持久的"常识"的有效传承者。然而，与此同时，他对特定哲学词汇的发展做出了自己的贡献，因此他也是新颖见解的源泉。事实上，仍然有大量证据可以证明，孔子既是一个传承者，又是一个寻求开拓新领域的人。

总的来说，孔子的确自觉地延续了一个可以追溯到公元前2000年的传统：

> 子曰："周监于二代，郁郁乎文哉！吾从周。"[1]

但与此同时，孔子也一直负责介绍、重新定义和重新发掘"仁""君子""义""礼"等关键概念，以构建一个权威哲学术语系统。孔子再一次提倡个人修养来定义儒家计划，并为儒家角色伦理和在"孝"中审视完美生活奠定了基础。

---

[1] 作者译文：The Master said: "The Zhou dynasty looked back to the Xia and Shang dynasties. Such a wealth of culture! I follow the Zhou." ——译者注

以"家庭尊崇"为基础来构建人类完美生活的愿景，就是断言所有的后代都是下一代的老师。在阅读《论语》时，记住世代连续性和血统变化是很重要的，因为（至少）两个原因。第一个原因是，尽管孔子经常引用《诗》（《诗经》）和《书》（《书经》，即《尚书》），并敦促他的弟子阅读和重读，但他其实生活在以口头引导为教育标准的时代。正如迈克尔·尼兰（Michael Nylan）所言，直到汉朝（公元前 206 年—公元 220 年）——孔子去世后的几个世纪——出现了图书馆、档案馆、书店和其他类似的文化标志，中国真正出现"手稿文化"（Nylan，2011）。因此，正如中国早期其他思想流派一样，早期儒学作为"流派"之一，最好从口头传承这一角度来理解——个人地和相互地——从孔子和他的弟子开始，其中一些人后来将此奉为圭臬，延续了这种非书本的学习方式，以优秀的老师为中心，在学习者之间进行正式或者非正式的讨论。今天的读者最好尝试重新体验这种《论语》反映并定义的、直接对话式的学习的感觉。这个任务很难，但值得一试。

应当尊重老师与学生这种关系，重视程度至少不能低于家庭成员关系的第二个原因是，我们所接受的《论语》中记载，至少有六位弟子后续建立了他们自己的"谱系"。因此，在他们看来，"学派"都始于孔子。结果是，无论是对儒家经典文本的"正统"解读，还是专门针对《论语》的"正统"解读，都是不可能存在的。尽管文本得到了统一的阅读和尊崇，但《论语》自身从未达到一种完全经典化的状态。直到千年以后，伟大的新儒家学者朱熹出现，《论语》的文本解读才有了今天我们见到的"正统"形式，并成为此后科举考试的基础。

孔子自己可能是学派"宗系"规则和"道"的口头传承的一个例外。我们不知道他的老师是谁，连他是否曾有过老师都不知道。当被问及孔子的老师是谁时，他的学生子贡回答道：

文武之道，未坠于地，在人。贤者识其大者，不贤者识其小者，莫不有文武之道焉，夫子焉不学，而亦何常师之有？①

因此，孔子教育的源泉是他之前的几代人的文化总和，这种文化延续到了孔子生存时代的百姓中。正如孔子在匡地（地名）面临危险时所说：

文王既没，文不在兹乎？天之将丧斯文也，后死者不得与于斯文也；天之未丧斯文也，匡人其如予何？②

六、"孝"以及"礼"之"体"

理解作为代际传承的动态的"孝"的一种方式是诉诸两个同源的汉字——體（体）和禮（礼）③，这两个汉字是保持家族传承的延续性所必需的。

在先秦文献中，"体"的图形似乎有三个不同的语义分类——"骨""身"和"肉"。我们可以以不同的方式来画这个图，这是一种试图为先人创造的概念在现代获得完美价值的尝试性启发教学方式。我们必须允许"体"带有"骨"，从而指涉"离散的身体""构建""配置""形成"的过程，因此应不仅仅从认知和情感的角度"了解"世界，也应从本能的角度来了解。我们每个人都继承一种世界观和文化常识，并与他人合作，以区别、概念化和理论化人类经验，体现我们的文化、语言和栖息地，并赋予其形式。

---

① 作者译文：The way of Kings Wen and Wu has not collapsed utterly—it lives in the people. Those of superior character have grasped the greater part, while those of lesser parts have grasped a bit of it. Everyone has something of Wen and Wu's way in them. Who then does the Master not learn from? Again, how could there be a single constant teacher for him? ——译者注

② 作者译文：With King Wen long dead, does not our cultural heritage reside here in us? If tian were going to destroy this legacy, we latecomers would not have had access to it. If tian is not going to destroy this culture, what can the people of Kuang do to us! ——译者注

③ "體"和"禮"的中文简体形式为"体"和"礼"，为了体现古汉语中这两个字形的相似处，此处保留繁体形式。——译者注

在与他人的动态社会关系中指涉有活力、意识、生命，并带有"身"这一层含义的"体"突出了另一个体现经验的维度。经验总是有一个主观维度，包括内在和外在的，我们通过成为人的实际过程来理解和表达成为一个完整的人的直观和客观的意义。

带有"肉"这一层含义的"体"指涉肉身——肉和骨头。我们经验的形态根植于一个独特的肉身，总是通过它来调节，并且在时间和空间上受到这个事实的约束。我们所有的思想和感觉都建立在一个复杂的身体感官上，它对我们的行为提出具体的要求，记录我们的快乐和痛苦。

在最原始的层面上，身体通过这三种相互交织的方式——离散的、有活力的和肉体的——作为联系我们的主观性和环境的纽带，并且随着我们行为模式的出现，协调我们的思考和感觉。人类的繁衍意味着与众不同而又独特的人之诞生。与此同时，在持续不断的具体化过程中，许多从前的祖先在这个转化为其他人的过程中持续存在。也就是说，当人们以独特的个体的身份出现时，这些个体的父母和祖父母会继续活在他们身上，就像他们也会继续活在他们的后代身上一样。我们所提出的焦点——场域语言，作为一种思考细节和整体之间关系的方式，似乎与这种全息摄影直接相关，在这种全息摄影中，物理和文化体验的整个领域都与每个人的叙述有关。

这种"活着"不仅仅是修辞学上的。我们猜想，有相当多的人看起来很像他们的曾祖父母。多亏了摄影技术，我们能以很多方式直接看到他们的曾祖父母。换个发型，换件衣服，然后稍微斜视一点，今天的苏珊会看起来很像她的曾祖母。苏珊的名字也可能会和其中一位曾祖母一样，也许她的祖辈也叫苏珊，这就是她名字的来源。如果苏珊能保留她对曾祖母的记忆，那么早期的苏珊也可以说是"活着"。但比这种物理传递更明显和重要的是文化传统本身的连续性——它的语言、制度和价值。

在儒家传统中，身体被理解为我们从家庭中得到的一种遗产，是一种可以追溯到我们最遥远的祖先的谱系"河流"中的"支流"。它带来了一种连续性、贡献和归属感，以及一种值得一试的宗教意义。尊重我们的身体——生理上的身体及其功能，作为祖先遗赠给我们的文化语料库的栖身之地——是对我们的祖先及与其的关系的尊重，而对自己身体的无视则将为家族血统带来耻辱。对身体的这种反思的重要之处在于，身体在生理上、社会上和宗教上都是一个特定的嵌套关系和功能的矩阵，这种矩阵总是身体和社会、文化和自然环境之间的协作。

儒家传统中，我们可以通过宣称"体"及"礼"表明的是审视同一现象的两种方式而将两个字联系在一起，也就是说，这两个字分别指"有生命的身体"和"具体化的生命"。"礼"的概念表示持续的、复杂的、新鲜的模式和重要的行为，这些模式和行为被后代具体化、授予并再次授予权威，成为延续的文化权威，将氏族和家族结合为民族。对于这种整体儒家哲学来说，独特的人的身体和叙事上的整体性深深地渗透到人类的经验中，以至于试图分离出独立于经验之外的现实是不切实际的。另一种说法是，现实不是别的，只是我们践行和具体化的经验。

七、"孝"及文化体完整性的传承

很明显，我们在这里所说的并不是简单的生理血脉的传承，但也的确是一种传承。"体"和"礼"是文化知识语料库传承的叙事场景——语言设施及其熟练程度，宗教仪式和神话，烹饪、歌曲和舞蹈的美学，习俗和价值观的形成，认知技术的指导和学徒等——通过这些，有活力的文明本身得以不朽。我们的身体当然是生理的，但它们远不止这些。它们也是整个文化体系传承、解释、阐述和重新授权的渠道。

《论语》中有一个重要的段落，讲述曾子临终时，在他的学生们的簇拥下，表达了他因自己的身体完好无损而产生的一种深深的解脱感：

> 曾子有疾，召门弟子曰："启予足，启予手。《诗》云：'战战兢兢，如临深渊，如履薄冰。'而今而后，吾知免夫！小子！"[①]

---

① 作者译文：Master Zeng was ill, and summoned his students to him, saying : "Look at my feet! Look at my hands! *The Book of Songs* says: Fearful! Trembling! As if peering over a deep abyss, as if walking across thin ice. It is only from this moment hence that I can at last know relief, my young friends." ——译者注

很明显，曾子高兴的是，他已经走到了生命的尽头，却没有亵渎他的身体，他可以毫发无损地把肉体归还给他的祖先了。但《孝经》的第一章为我们理解将死的曾子与学生之间的交流提供了重要的评论，暗示我们或许可以将"身体"置于一个更广泛的意义中去理解：

> 仲尼居，曾子侍……子曰："夫孝，德之本也，教之所由生也。复坐，吾语汝。身体发肤，受之父母，不敢毁伤，孝之始也。立身行道，扬名于后世，以显父母，孝之终也。夫孝，始于事亲，中于事君，终于立身。"①

我们认为，孔子在阐述孝的重要性时，并不是简单地从生理的意义上提及对身体的尊重，而是暗指其作为跨代文化传承场所的功能。他在《论语》中强调，孝实际上是人类完美的根源，孔子将儒家教育的实质定义为每一代人传承文化之严肃责任，每一代人都已经继承了这种文化的完美，在传承给下一代时不应有所减损。

因此，保持"身体"的完整是一个包容的过程，它体现了传统，创造性地将其作为一种资源，使自己在世界上与众不同，并通过为自己和家人起一个将被后人铭记的名字，来贡献其文化资源。文化传统体现在每一代人身上，因为对后代来说，它是不朽的。

---

① 作者译文：Confucius was at leisure in his home, and Master Zeng was attending him... "It is family reverence," said the Master, "that is the root of personal excellence, and whence education itself is born. Sit down again and I will explain it to you. Your physical person with its hair and skin are received from your parents. Vigilance in not allowing anything to do injury to your person is where family reverence begins; distinguishing yourself and walking the proper way in the world; raising your name high for posterity and thereby bringing esteem to your father and mother—it is in these things that family reverence finds its consummation. This family reverence then begins in service to your parents, continues in service to your lord, and culminates in distinguishing yourself in the world." ——译者注

八、结　论

如前所述，在《论语》的解释语境中，互惠共生是一个无可争议的经验事实。我们现在想通过列举几个推论来结束本文，我们也可以从生活关系的首要地位中得出这些推论。作为儒家角色伦理的基础，这些推论很容易用《论语》中的段落来说明。人有基本的独特性，因为他们由关系的特殊模式所定义，在他们践行这些关系时相互依赖，具有一种所有个人行为都具有的相关的性质，一种自然和社会秩序的潜在的过程性、临时性和突发性概念。正如我们所看到的，从这种关系的首要地位出发，还存在着相互关联的历史意义和宇宙意义。例如，有整体的、无界的、嵌套的关系性质，在焦点—场域而不是部分—整体的术语中定义的人的全息概念，以及儒学作为一种哲学美学，把所有关系登记为与整体的影响程度相关的关系。

因为很多关系都是家庭成员之间的关系，所以大部分的整体效果都可以在其中看到。但这种关系也必须从家庭（和家族）延伸到更大的社会秩序。正如我们先前所指出的那样，这种关系将是两代人之间的关系，并且从施恩者和受益者之间的角色来理解。而这些整体又将超越社会而达到真正的宗教效果。《论语》似乎一直在说，完整和繁荣的人类生活需要我们与比我们年轻的人、与我们同龄人的人，以及比我们年长的人在一起。正是在这种宗教意义上，当弟子子路问孔子最想做什么时，我们这样诠释孔子的自传体式回答：

老者安之，朋友信之，少者怀之。①

---

① 作者译文：I would like to bring peace and contentment to the aged, share relationships of trust and confidence with friends, and to love and protect the young.——译者注

参考文献

Ames, R. T. 2011. *Confucian Role Ethics: A Vocabulary*. Hong Kong & Honolulu: The Chinese University Press of Hong Kong & University of Hawai'i Press.

Ames, R. T. & Hall, D. L. (trans.). 2001. *Focusing the Familiar: A Translation and Philosophical Interpretation of the* Zhongyong. Honolulu: University of Hawai'i Press.

Ames, R. T. & Rosemont, H. Jr. (trans.). 1998. *The Analects of Confucius: A Philosophical Translation*. New York: Ballantine Books.

Chan, A. K. L. & Tan, S. H. 2004. *Filial Piety in Chinese Thought and History*. London: Routledge.

Fei, X. T. 1992. *From the Soil: The Foundations of Chinese Society*. Hamilton, G. G. & Wang, Z. (trans.). Berkeley: University of California Press.

Hall, D. L. & Ames, R. T. 1987. *Thinking Through Confucius*. Albany: State University of New York Press.

Hsiao, K. C. 1979. *A History of Chinese Political Thought*. Volume 1. Mote, F. W. (trans.). Princeton: Princeton University Press.

Ivanhoe, P. J. 2004. Filial piety as a virtue. In Chan, A. K. L. & Tan, S. H. (eds.). *Filial Piety in Chinese Thought and History*. London: Routledge: 189-202.

Keightley, D. N. 1998. Shamanism, death, and the ancestors: Religious mediation in Neolithic and Shang China, ca. 5000 B.C.—1000 B.C. *Asiatische Studien*, 52: 763-828.

Kierkegaard, S. 1985. *Fear and Trembling*. Hammondsworth: Penguin Books.

Lau, D. C. & Chen, F. C. A. (trans.). 1992. *Concordance to the* Liji. Hong Kong: The Commercial Press.

Liu, L. H. 1995. *Translingual Practice: Literature, National Culture, and Translated Modernity—China, 1900—1937*. Stanford: Stanford University Press.

Lloyd, G. & Sivin, N. 2002. *The Way and the Word: Science and Medicine in Early China and Greece*. New Haven: Yale University Press.

Nylan, M. 2011. *Yang Xiong and the Pleasures of Reading and Classical Learning in China*. New Haven: American Oriental Society.

Nylan, M., Rosemont, H. Jr. & Li, W. Y. 2008. Star gazing, fire phasing, and healing in China: Essays in honor of Nathan Sivin. *Asia Major*, 21(1): 89-132.

Rosemont, H. Jr. 2001. *Rationality and Religious Experience : The Continuing Relevance of the World's Spiritual Traditions.* La Salle: Open Court Publishing Co.

Rosemont, H. Jr. 2007. On the non-finality of physical death in classical Confucianism. *Acta Orientalia Vilnensia,* 8(2): 13-31.

Rosemont H. Jr. & Ames, R. T. (trans.). 2009. *The Chinese Classic of Family Reverence: A Philosophical Translation of the* Xiaojing. Honolulu: University of Hawai'i Press.

Sima, Q. 1959. *Records of the Historian.* Beijing: Zhonghua Book Company.

Slingerland, E. (trans.). 2003. *Analects: With Selections from Traditional Commentaries.* Indianapolis: Hackett Publishing.

Sommer, D. 2008. Boundaries of the ti body. *Asia Major,* 21(1): 293-294.

Wittgenstein, L. 1953. *Philosophical Investigations* . Anscombe, G. E. M. & Rhees, R. (eds.). Anscombe, G. E. M. (trans.). Oxford: Blackwell.

Zhang, Y. H. 2007. *Transforming Emotions with Chinese Medicine: An Ethnographic Account from Contemporary China.* Albany: State University of New York Press.

Zhou, Y. Q. 2010. *Festival, Feasts, and Gender Relations in Ancient China and Greece.* New York: Cambridge University Press.

与家庭和文化同行：儒家思想的时间之旅

罗思文

我们永不停止探索
探索的终点
便是返回我们的起始
第一次认识那个地方
　　　　　　　　　——T. S. 艾略特（T. S. Eliot）

一、导 论

人们会说，所谓"旅行"，就是"走自己的路（道）"，这是《论语》和孔子的其他作品中的支配性隐喻——"人能宏道"①。（15.29）②

通常我们想到旅行时，就想到要通过某个空间；在成年生活中工作和娱乐时，我们从一个地方到达另一个地方。尽管高速公路和机场的拥堵已经成为一系列难以克服的障碍，但我们仍然倾向于从整体上积极看待"旅行"，更重要的是其背后隐藏着的根本性问题："你要去哪里度假？"在这段时间里，你应该去某个地方，以丰富你的生活。

人们普遍认可旅行尤其是长途旅行的最重要原因之一是，它让我们了解了不同于我们自己的生活方式，这大概就是"旅行拓展人生"的陈词滥调所要表达的意思。可以肯定的是，气候和地理确实对旅行的刺激和奇妙做出了很大的贡献，但最能激发和维持我们兴趣的，却是我们的同胞在不同的环境中生活的方式。与体验独特的建筑、服饰、饮食和习俗相比，更重要的是理解与我们的生活方式不同的文化决定因素，以及相关民族的希望、恐惧、梦想、信仰和价值秩序。

---

① 作者译文：It is the human being that extends the way.——译者注
② 本文中，此处及以下附加的数字都以《论语》原文为准，英文版详见 Ames & Rosemont（1998）。

  这样的经历几乎肯定会影响到我们自己的未来生活，因此对于孔子"道"的比喻来说，时间性的解释应不少于空间性的解释，这就意味着，"旅行"的哲学意义若能简练地阐明人类的生活状况，就必须充分考虑到这个隐喻的两个维度。这就是时间维度的"旅行"，安乐哲和我都想将精力集中于此，因为我们试图阐明作为"角色伦理"的古典儒家思想的解释特性，尤其是这些特性与"人何以成为人"的概念相关联，从而在我们穿过从出生到死亡的时空距离的过程中，对我们所有人如何度过有意义的一生做出最优的指导。

  我将先简要介绍"个人主义"的概念——特别是关于恒常、独立和自由的方面。虽然在某些方面受到质疑，但个人主义仍明确地定义了当代西方的道德、政治、经济和宗教思想。我将个人主义与儒家的人类关系观进行对比，发现后者强调时间变化、相互依存以及行为约束。把个人主义强加于儒家的人，使得我们在任何特定的时刻都不会了解他们是谁，也不会渴望在未来成为他们那样的人。

  之后我将讨论每个人都必然归属于的最基本团体（即家庭）的特征，关注我们作为儿女、父母和祖父母、阿姨、叔叔、侄子、侄女、表兄弟和姻亲的现世旅行。我会在当代世界的背景下，举例说明一些古代文献给我们今天带来的有益教训。这里的关键词是"孝"，通常翻译为"filial piety"，但安乐哲和我把它翻译为"family reverence"（Ames & Rosemont，2009）。

  在此过程中，我会偶尔引用另一些人关于"儒"的观点，他们对孔子及其弟子来说具有重要的意义。或者用我们的术语来说，他们就是"古典学者"，意即那些负责继承、维持和改变他们生活的社会之文化遗产的人。

  安乐哲将在本书的最后一篇文章中对儒学进行深入探讨，重点关注中国代际文化传承过程的动态，儒学对这些过程的维系和传播，以及儒学如何随着时间的推移形成、重新形成和转变。他还将对孝和家庭做出补充说明，以便更详细地分析和探索家族血缘中的文化传播，并以这种方式加深我们对不断变化的文化景观的理解，因为几个世纪以来，这种文化景观以非中国人独有的方式得以保存和重新配置。

  对我和安乐哲来说，最核心的是，首先，道德的概念来源于对家庭和家庭生活的关注，这一概念明显与大多数当代思维相关，特别是可以在以下理论中找到：康德的义务论，边沁和密尔的功利主义，亚里士多德的道德美德思想。其次是完全非超自然的宗教或灵性概念，我们相信这是从儒家的家庭和文化取向中产生的。[①]

二、论个人主义

从黑格尔时代开始——通常也在此之前——哲学家，尤其是道德哲学家，对家庭的关注就很少了。造成这种忽视的一个重要原因是，当今西方主流的道德理论——道义论的、功利主义的、美德论的——都基于这样一种观点，即人类从根本上是个体，是理性的、自由的、自主的（通常是对自我感兴趣的）个体。这个概念（实际上是预设）是描述性的还是规范性的，都不重要；它的主旨是看到和对待所有其他人，就好像他们是自由、理性和自主（通常是自私的）的个体。

除了哲学家的本体论和规范性个人主义外，心理学家和社会学家所使用的概念还有一种方法论上的变体。前者假设：第一，心理状态可以被个性化并独立于其他心理状态进行研究；第二，个人可以独立于他人而存在和被研究。在社会学中，方法论个人主义的主张是，个人的自我聚合构成了主要的现实，社会或政体是一种二级的、抽象的建构——这一观点自马克斯·韦伯（Max Weber）时代以来就在该领域普遍存在。[②]

基本的个人主义在认识论中也很容易被发现。例如，在这样一种观点中，人类可以作为独立于文化视角的个体来认识世界，他们可以"看到"世界的本来面目。它与经验层面的客观性概念密切相关，通常也与主观性联系在一起——更具体地说，与本体自我可以了解个体自我的观点有关。

只要稍加思索，就会明白，这些个人主义的成人观念，对于家庭生活的希望、恐惧、梦想、行动或简单的快乐和深切的痛苦，都没有多大用处。我们不能通过把我们的父母、祖父母和孩子（更不用说邻居和朋友）视为个

---

① 这两大主题的更多细节见安乐哲和罗思文 2009 年版《孝经》英译本的导论部分。Hall & Ames（1995：271-277）主张在中国思想中，家是所有比喻中最基础的，同样参考金耀基（Ambrose King）的社会学著作。
② 关于方法论的个人主义，见 Udehn（2004）。

体来解释家庭互动，也不能解释我们对这些互动的感受。家庭关系，尤其是最基本的家庭关系，即父母（以及祖父母）和孩子之间的关系，无法在与他人互动的、自由的、理性的和自主的基础上被描述、分析和评估，因为父母参与孩子的生活，孩子也参与父母的生活；父母和孩子对自己的定义在很大程度上取决于对方，他们不能在任何重要意义上做到自主，因为他们的角色决定了他们是谁。（在许多情况下对定义自己是谁这个问题，最合适的回答很可能是"康妮·罗思文的父亲""乔安·罗思文的丈夫""提米希利的祖父"——或者，从更广义的"家庭"的概念来看，"安乐哲的密友"。）

在时间旅行中，我发生了巨大的变化：当我结婚的时候，当我的第一个孩子和她的妹妹们相继出生的时候，我变成了一个不同的人。所有这些和无数类似的事件都对我过去和现在的身份做出了很大的贡献，就像我对这些事件及其他事件的定义做出了很大贡献一样。因此，当"我的女儿"必须被用来描述一种可能涉及我的道德状况时，根据某种抽象原则来行动的可能性就消失了。如果我没有处理这种情况的最适当方法，那么康德对我的帮助就如同边沁、密尔或任何其他普遍主义道德哲学家对我的帮助一样。我寻求的并不是一个适用于所有抽象个体的规则，而是我现在应该和我的女儿康妮一起做的事情。可以想象一下，当我问她"你想让我做什么"时，我问的是当下要处理的问题，而不是在普遍的或者多元的道德理论中能发现什么。

尽管以家庭关系为基础的伦理并非普遍取向，但在处理道德问题时，我们必须认真考虑家庭和家庭生活，因为家庭将继续在所有文化中的人民之生活中发挥主导作用。在处理当今世界面临的巨大经济、社会、政治和环境问题时，要考虑到这一点。虽然今天许多家庭被认为具有性别歧视，具有压迫性，或是总的说来功能失调，但世界上更多的家庭并不是这样的，家庭也不会像某些人希望的那样消失。此外，"家庭价值"概念经常被使用——特别是在美国，它为保守的社会、政治和/或宗教组织服务，以加强父权制、性别歧视、恐同和更糟的情况，然而，家庭价值不必由精神上或世俗上的极端分子所把持。我建议把家庭价值观放到一个更新的儒家观念框架中，这样就可以沿着更加进步的社会、政治和经济路线对其进行调整。

安乐哲在早期的儒家语境中更具体地研究了这个框架；就目前而言，我只想说，在这个框架内，我们每个人都将是一个独特的人，但不是上面所描述的个人。我们不是孤立的，而是相互联系的；不是自主的，而是相互依存的；不是完全自由的，而是被我们对他人所负的责任所限制，我们和这些人互相定义了对方。也许对今天多样化的社会来说最重要的是，以家庭为导向的伦理可以促进文化多元化，即使不是普遍主义。

那么，如何才能将家庭价值观看作进步的（同时允许它们的不同顺序）呢？

三、家庭：于此世穿越时间

首先，当我们关注父亲作为看护人的角色时，我们必须考虑现在，也就是要看到我们的孩子需要食物、住所、衣服、书籍，更重要的是，需要安全感和爱。然而，从孩子出生开始，这种关系就是互惠的：孩子是父母感受和表达爱和关心的出口，同时也提供了满足父母责任又让其感到自豪和满足的手段，这是在几乎所有社会中人类尊严的必要条件。孩子逐渐成长，可以通过听话来更积极地表达对父母的爱和关心。

当然，盲目的服从是不被鼓励的，但是孔子洞察到，孩子们尊敬父母和爱父母的一个重要方式就是服从父母。（例如，孩子很清楚，当孩子回家比预期的越晚，父母变得越苦恼。）因此，家庭关系在任何时候都应被看作一种互惠关系（当然，不应被当作契约来分析）。

然而，除了照顾孩子的责任之外，我们还必须满足他们的需要——作为父母，我们也意识到自己有责任将孩子抚养成人，这使我们认真、长远地考虑孩子的现在和未来。就是说，不仅依据他们现在的状态照顾他们，还要以我们所认为的对他们的未来最有益的方式培养他们。当他们长大以后，我希望他们在有些方面是这样的，但在另一些方面我希望不是这样的，这些细节将在很大程度上依赖于孩子们的心理、生理和心理面貌，当然也依赖于我们生活的社会经济环境和文化环境。这些细节还将取决于我自己和我妻子的家族病史、种族、国籍，以及其他在很大程度上决定了我们和子女的希望、恐惧、梦想和目标的社会因素——没有这些因素我们将不是我们，我们也将不是一家人。作为父母，换句话说，我们必须部分地效仿"儒"，因为我们有义务继承和传播文化，来替换不再符合时代和我们自身的价值观，或有利于我们孩子的福祉的文化维度。

到目前为止，任何一个致力于以自主和自由为核心的个人主义道德的人都会将当代儒学的这种分析视为例外，因为如果我们以这种方式来抚养孩子，我们将不会以他们未来会成为完全自主和自由的个体为全部目标，如个人主义道德所坚持的那样。

今天的世界在道德上远不如孔子时代的中国那么单一，但在当今这个多元化的社会中，孔子的担忧仍值得考虑。我试图按照一种价值秩序来生活，这种价值秩序对我是谁和我做什么有着重要的影响。我有这样的价值秩序，因为我相信这是一个非常好的价值秩序，并努力在对后代和其他人的行为中进行践行。当然，我妻子也一样，尽管她的价值秩序可能和我的稍有不同。不用说，我们将努力把自己的价值秩序灌输给我们的孩子，因为父母的大部分责任是让他们成为以价值为导向的人。如果我们不让他们适应我们自己的价值秩序，我们会让他们适应哪些人的？这并不是说我们应该试图让的孩子复制我们的价值秩序。很明显，我们是不同的人，我们必须在任何时候都考虑到这些差异，尤其是在品位和个人喜好方面。但道德问题，或基本的政治或宗教问题，与美学或个人倾向问题是不同的。在美学和个人倾向问题方面，我接受了一种世界观和随之而来的价值秩序，因为我相信这一排序比其他可能的排序更好。因此，在今天越来越多元化的文化里，我们都有责任告诉我们的孩子，确实也存在非常正派和聪明的人，他们的价值观和我的有些不同。但是，我在履行我作为父母的职责，努力让我的后代朝着我认为在所有选项中最好的方向前进的过程中。如果

不是我自己的价值秩序，那又要让孩子们接受谁的价值秩序呢？ ①

假设有这样一个人，他选择的职业是工会组织者。他对自己的工作总体上很满意，当他通过努力，使另一个工作单位在工会投票中代表他们与公司高层进行谈判时，他感到非常自豪和高兴。他的职业生涯并没有让他变得富有，却提供了儿子上大学所必需的资金。他儿子在高二就树立了上法学院的目标。现在，在通过律师资格考试后，儿子宣布，他得到的最好的工作机会来自该州最大的宣扬解散工会的公司，而且儿子已经接受了这个工作机会。

我个人的直觉是，父亲在这种情况下可能会感到的任何骄傲和快乐——儿子有一份工作，显然是他自己选择的——几乎会立即消失，而被严重的抑郁所取代；不仅仅是因为儿子做出了选择，而且是因为父亲现在不得不以一种非常不同的、消极得多的方式来看待他作为父亲的角色，以及在几个重要方面的失败。这不仅仅是因为父亲私下里希望儿子成为一名劳工律师；如果儿子选择了学习房地产法、刑法，成为助理地方检察官或公设辩护律师，父亲可能会有点失望，仅此而已。但是，对于儿子来说，开始从事与他的父亲一直为之奋斗并试图体现的团结和社会正义价值观背道而驰的职业，证明了他父亲在关键方面存在根本性缺陷。

有人可能会倾向于认为，父亲只是以自我为中心，或想通过儿子的工作来感受和他相同的生活；或作为一个教条主义者，按自己的社会政治议程行事；或根本不考虑儿子如何自豪于拥有独立的知识和能力来做决定。但现在，当儿子开始他的职业生涯时，我们把注意力转移到儿子身上，他致力于反对他父亲毕生的工作和梦想时，我们应当如何看待他？

注意，只要我们仅仅把他看作一个自由的、自主的、做出了理性选择

---

① 我们强调价值的优先性，意在澄清我们不相信如大多数人说的那样，"采用一套新的价值"是可能的，但只能重新安排他们（和所有其他人，除了反社会者）已有的价值。例如，除了诉诸一个更为基本的你们共有的价值，在涉及特殊价值的价值上，一个人如何能让你改变主意？人人珍视安全，人人珍视自由，但是不同的人对这些价值值有不同的排序。如果一个营地的成员要说服另一个营地的成员改变主意，后者没有"采用一套新的价值"，但只是重新安排既有的价值。但这个只适用于某些时候，不是总是，不是永久的。在 X 情形下，自由胜过了安全；在 Y 情形下，可能出现相反的顺序。

的人，我们可能就会耸耸肩说："那又怎么样？"或"这是私事，是他父亲的困扰，不是一个道德问题。"然而，我的强烈感觉是，如果我们把他作为这个父亲的儿子来关注，我们就不会想太多，不会认为他是个道德上的失败者，尽管他的行为具有私人性。我们也可能会认为儿子相当冷酷无情，并把他描述成一个以自我为中心的人，因为他没有意识到他的决定对他父亲的重要性，因为这个决定，他现在已经变成了一个完全不同的人，不仅仅是出于他的悲伤。儿子显然不仅忘恩负义，而且对他的家庭极为不敬，对他的生活和与之交织在一起的其他人造成了不幸的后果，这就是我们轻视他的原因。我怀疑，即使是那些憎恨工会的人也会这么想。那么，这就是行动中的角色伦理，以及它与建立在个人主义理念之上的道德有何不同：如果父亲和儿子只是自主的（不受约束的）个人，那么这里就没有道德问题，充其量只是一个个人问题。

当然，父母必须在他们对孩子的引导行为与对彼此独特性的欣赏之间取得平衡；我们的目标是让孩子接受一种类似于父母的价值秩序——不仅仅因为这是他们要做的，而且因为他们相信这是一种很好的秩序，一种未来值得维持的秩序，并相应地致力于此。在我看来，这一目标只能在父母对孩子的爱以及在抚养孩子时的模范行为的基础上实现，很少有抽象的道德规则或原则能发挥作用。回到这位负责组织工会的父亲，他怎么可能在他的价值秩序中把一个更高的位置分配给绝对命令或效用原则，而不是进行给予他生命意义、目的和满足的整体排序？此外，父亲很爱他的工作，本应是儿子的楷模，但现在父亲变得抑郁，因为如果儿子不喜欢他的新工作，这样做只是为了钱，那么父亲在工作中的自豪感和满足感也毫无价值——想起来令人沮丧。但不像另一种可能性那样令人沮丧：儿子真的喜欢解散工会。请注意，不管我们对这位年轻的反工会律师有什么担忧，都不是担忧他性格"不好"，或者没有适当的"道德感"；作为一个儿子，他已经失败了，这是他一生中最基本的角色——我们的谴责只针对扮演独特角色的人，而不是自主的人。

（这里可能有人会反对说，所有这些都是好的，但我们该怎么对待那些不爱自己孩子的父亲以及僵化的教条主义者？对这一直截了当的反对意见的完整答复超出了本文的范围，但在以下的脚注中给出了一个简要的答复。）①

从当代儒家的角度来看，迄今为止这个故事的寓意应该很清楚：在处理父母和孩子之间的关系时，我们不能看到任何作为自由、自主的个人的参与者，因为他们不仅处于互动中，也在他们对自己现在、曾经和未来是谁的感觉中紧密地与其他人联系在一起——在所有情况下，因为爱而连接在一起，并经历时间的考验。在很大程度上，做一个父亲或母亲的意义在于始终对孩子的性格、能力和情感保持敏感，在照顾孩子的同时，也要考虑到这些因素，并着眼于未来。作为儿子或女儿，我们在选择和实现人生的任何重要目标之前，要对父母的信仰和感受保持敏感，这种敏感必须贯穿于父母的一生，以作为儿女的一种忠诚。当然，这种忠诚并不排除向他们（或其他权威人士）提出抗议，因为古典儒学的所有文本都表明了这一点。②

在照顾和抚养孩子的责任上，父母还必须考虑第三个时间因素，那就是过去。在我看来，儒家学者可能有很多话要对今天的每个人说：他们对仪式的详细关注，尤其是对祖先崇拜的关注。他们强调要保持过去在我们面前的重要性，以便正确地生活在今天并为明天做打算，并从宗教而不是道德的角度，让儒家的家庭尊崇表现得更加生动。

从外貌到母语，从种族到社交过程的细节，我们可以直接追溯到我们的祖先。我们在食物、音乐、服装等方面的许多爱好也往往可以直接追溯

---

① 通常冲突会在两种事实中出现：一方面是儒家追随者在需要的时候应该在政府任职；另一方面，如果你所服务的统治者是个十足的无赖，那么该怎么办？孔子要遵循什么样的原则？如果我们的理解没错，在早期的文本中找不到这样的原则。但是尽管如此，我们还是可以轻易地解决这一冲突。与其探究抽象原则，我们必须要问在政府任职的人，此时此刻，统治者是否可改进？如果答案是肯定的，我们必须要问第二个更为具体的问题：我们是否有才智和技能去改进他？如果这个问题的答案也是肯定的，文王就成了我们的模范，我们将继续任职，一直劝诚。如果第一个问题的答案是"是"，而第二个是"否"，孔子本人就成了我们的模范，我们回到家庭和社区，在那里服务于政府，《论语》2.21阐明了这一点，7.16和8.13加强了这一点。如果我们这样回答第一个问题"不，我们不相信他是可改进的"，那么我们必须举起反叛的旗帜，武王成了我们的英雄和先驱。总之，没有冲突，就总有做出决定的程序。它是高度特殊的——似乎完全没有更坏。这一论证已做了必要的修正，延伸到父亲和其他权威的形象中。

② 确实，我们想申明的是，所有人际关系和合作可以借由父母和子女，施惠者和受惠者的关系模型成功地描述、分析和评估（正如我这里所描绘的）朋友、邻居、同事和其他人之间的相互影响。我们要说的是，抛弃基础的个人主义，不会丢失任何伦理意义，反而会获得更多。

到我们的父母和祖父母，以及他们的祖父母。不管你喜不喜欢，我们属于一个家庭，而且是一个有历史的家庭——在大多数情况下，不止一个。由此可见，我们对家族的过去了解得越多；与家族的联系就越紧密，我们越能了解自己是谁，也就越能设想自己可能会成为什么样的人，或者应该成为什么样的人，并以此来定义自己。

这一点对于有钱有势的家庭来说是显而易见的：洛克菲勒（Rockefeller）、肯尼迪（Kennedy）、布什（Bush）、范德比尔特（Vanderbilt）等家族的每一个人都有强烈的自我意识，都属于一个有着特殊历史的特殊群体。我猜，这些家庭里的所有成年人不仅能说出祖父母的全名，而且还能说出他们曾祖父母中大部分人的全名。但重点不在于庆祝势利感，因为它适用于所有家庭，即使是贫穷、难民或移民等有不幸遭遇的家庭，虽然这些遭遇使两代人的家谱都几乎不可能保持完整，甚至不被人记住。在我们每个人的家谱里，几乎可以肯定都有一两个英雄，也很可能偶尔会有一个恶棍。我们每个人都有曾祖父母，如果我们知道他们是谁，我们会对自己有更好的认识。他们可能是伟大的或在地方上很有名望，或者他们可能只是"普通"的人，但所有家庭的历史对其成员来说都是特殊的，甚至是非凡的。然而，为了获得对一个有历史的家庭（每个家庭都有）的归属感，你必须了解那段历史，尤其是那些创造了那段历史的祖先的生活。因此，我们所有人都应该了解家族历史，认真听祖父母和兄弟姐妹给我们讲的故事，看看老照片，或者做一些家谱调查工作。当我们继续发展我们家族的历史，并为之做出贡献的时候，如果我们知道自己从哪里来，那么我们就掌握了自己是谁以及可能成为谁的主要线索。

在我们看来，要获得这种归属感，感受家族的传承，最好的办法就是偶尔举行一场祭祖仪式，尤其是对父母和祖父母的纪念仪式。因此，我们作为父母角色的一个重要方面应该是向我们的孩子灌输一种他们来自一个有历史的家庭并属于这个家庭的感觉。我们必须依次向父母表明我们的责任，告诉他们这些责任不会在他们死亡时终止。我们的祖先有权利看到他们的记忆不会被时间完全抹去。因此，为了给我的孩子树立一个合适的榜样，我应该定期参加一种仪式来纪念我们的祖先，这一仪式可能会在我们的文化中广泛传播，或者在更局部的地方传播；或者，这可能是我们家族特有的一种仪式；这甚至可能是我和妻子为我们的后代创造的一种仪式。在我的父母和祖父母死后，我通过举行纪念仪式来继续履行对他们的责任。我知道任何一种文化中都有这样的仪式。①

认为我们欠死者的债的想法似乎有些奇怪，但事实并非如此。即使是无神论者也能理解履行临终诺言的义务。并非每一个儿子和女儿都拥有在一个充满爱的家庭长大的"承诺"，我们不要忘记祖先，也不要让自己的孩子忘记他们，不是吗？仪式，尤其是家庭仪式，往往占据大多数西方哲学家的思想，虽然并不比家庭更多，但仪式可以形成家庭的基本黏合剂，并显著影响其成员的自我认同，以及他们的价值感。领悟到这一点的另一种方法是，想一想很多人去公墓纪念逝去的亲戚、老师或者朋友的时候，总是和墓碑"说话"的情景。这并不奇怪，它完全是具有人情味的；我们知道死者听不到我们的声音，但无论如何我们说话时都感觉"好像他们在场"。

对于这种洞见，我们仍然要感谢早期的儒家学者。在过去，这些做法毫无疑问源于人们对鬼和灵魂的普遍信仰，不管是善意的还是恶意的，都与世界上其他宗教的神学相一致。当然这也发生在中国，这就是早期儒学与今天的关联之处，在社会、政治和经济的见解之上，他们为我们提供了认真思考家庭责任的任务：他们也向我们展示了尊重祖先的仪式和习俗如何感动、满足和维持一个不相信灵魂的世界，即使这样的人在不断地增加。②

我相信，只有那些能够欣赏自身与他人的相关性和互动性之人，以及将自身定义为角色鲜明的独特之人，而不是自主的个体，才会得到满足，正如 19 世纪女权主义者伊丽莎白·卡迪·斯坦顿（Elizabeth Cady Stanton）看到的那样："我们独自来到这个世界……也独自离开，我们每一个人都独自

---

① 丧礼中体现出来的不朽的世俗和非物质意义，详见 Rosemont（2012），尤其是第十一章和第十二章。

② 有人可能会反对说，这里描绘的家庭图景过于理想，以至于不值一提。两种回复：（1）我所提倡的家庭图景比东西方诸多已有的家庭图景还要理想得多。个人主义应是西方家庭的特征。直到 19 世纪，"儿童"还被视为经济学术语。西方的核心家庭主要归功于资本主义的兴起，很多家族史的原型，无论是否被社会学家（西方家族）、人类学家（非西方家族），还是历史学家编纂过，都值得我们认真审视。（2）"空中楼阁没什么问题"，梭罗说："那是他们的归宿。现在把基础置于他们之下。"

进行生活之旅……"（Nussbaum，2006：29）。一个世纪后，奥尔德斯·赫胥黎（Aldous Huxley）同样严厉地指出：

> 我们一起生活，一起行动，一起应对；但在任何情况下、任何环境中，我们都是孤身一人。烈士们步入竞技场时，手挽着手；当他们被钉在十字架上时，形单影只。（Huxley，1963：12）

在这个简单的背景下，安乐哲将继续关于时间旅行的叙述，从一个家庭的特定价值秩序转变为更广泛的中国文化的通用规范，在其中家庭及其成员相互影响，这符合中国文化的通用规范。①

参考文献

Ames, R. T. & Hall, D. 1995. *Anticipating China : Thinking Through the Narratives of Chinese and Western Culture*. Albany: State University of New York Press.

Ames, R. T. & Rosemont, H. Jr. (trans.). 1998. *The Analects of Confucius: A Philosophical Translation*. New York: Ballantine Books.

Ames, R. T. & Rosemont, H. Jr. (trans.). 2009. *Classic of Family Reverence: A Philosophical Translation of the* Xiaojing. Honolulu: University of Hawai'i Press.

Huxley, A. 1963. *The Doors of Perception: Heaven and Hell*. London: Penguin Books.

Nussbaum, M. 2006. In a lonely place. *Nation*, 282(8): 26-30.

Rosemont, H. Jr. 2012. *A Reader's Companion to the Confucian Analects*. London: Palgrave Macmillan.

Udehn, L. 2004. *Methodological Individualism : Background, History and Meaning*. London: Routledge.

Wong, D. 2009. *Natural Moralities : A Defense of Pluralistic Relativism*. Oxford: Oxford University Press.

---

① 我在一个小型会议上宣读了这篇文章的一部分，这次会议是为了纪念库伯曼而于 2010 年夏天在夏威夷召开的。我十分感谢当时的观众，以及 2012 年我在法国阿莱特莱班参加会议的同伴们，他们给出了很多有用的评论和鼓励。

早期儒学是否符合西方"美德"标准

安乐哲　罗思文

早期儒学符合西方传统伦理学意义上的"美德伦理"标准吗？我们认为不符合。在我们看来，尽管用以描述原始儒家道德生活（道）的美德伦理表达比基于康德主义或功利主义的道德理论表达更好，但这些表达同时也将孔子及其继承者们置于西方哲学的话语模式，而不是他们本应拥有的位置。由此可见，我们很难真正用儒家观点来替代那些我们耳熟能详的观点。

　　相反，我们会说:（1）对早期儒学最好的描述是"角色伦理";（2）这种"角色伦理"在东西方的哲学中是独树一帜的;（3）它首先体现了人是由其所处的角色构成的"关系人"，而不是作为个体的"自我";（4）它体现了一种以家庭情感为切入点，在这个世界上发展出具有完善的道德能力和宗教情感的道德生活的特定视野。

　　对角色伦理的详细论述超出了本文的范围，但作为整体论述的一部分，我们反对将早期儒学与亚里士多德、康德、边沁和密尔——或者他们在当代的支持者联系起来。通过展示儒家思想中角色尤其是家庭角色的更核心地位，同时强调将角色概念和家庭价值观纳入任何道德或伦理观念的重要性，我们可以要求21世纪具有思考力和敏感性的公民跨越种族、民族和宗教界限，让他们忠诚于这些道德或伦理观念。

　　让我们先看一下亚里士多德。许多有能力的比较哲学家都在权衡古典儒学是否为一种美德伦理的形式这个问题，他们中似乎有很多人肯定这一说法。在致力于美德伦理研究时，他们中的一些人并不完全是亚里士多德主义者，如艾文贺（Phill J. Ivanhoe）、李·H. 伊尔利（Lee H. Yearley）等人，但还是有很多人认真地对美德伦理和儒家观点进行了比较。例如，最近的两项研究（Sim，2007；Yu，2007）完全致力于对亚里士多德和儒家经典的伦理学文本进行比较，以强化其主要立场。在我们试图阐明不同观点的过程中，所有这些哲学家和其他人都大大提高了标准，使得我们的论证变得更有难度。①

下面我们将给出持不同意见的哲学理由。但我们首先要注意，这些比较的叙述和方法论的方式，原本被预设为哲学中立的，而实际上并不是，这难免令人有些不快。例如，Yu（2005）对亚里士多德和早期中国文本都有着令人钦佩的驾驭能力，他认为亚里士多德的政治生活与孔子和孟子的关系自我价值极为相似。但不幸的是，一旦做比较，结果是"……在儒家伦理中是缺失的"（295），"亚里士多德所认为的基本幸福在孔子身上缺失了"（296），"孔子……似乎忽略了理论……"（297）。如果亚里士多德和孔子说的差不多，但前者说得更充分，因此更好，那么为什么还要读后者呢？我们并非有意反对 Yu 的观点。在比较哲学著作中也有类似的说法，它们不仅将孔子与亚里士多德并列，而且将孔子与大多数西方哲学家并列。在所有这些比较中，儒家思想似乎总是缺少一些东西。但我们似乎从未见过相反的说法，如"亚里士多德的伦理学缺乏圣人的概念""仪式对于人类繁荣的中心地位在亚里士多德主义中缺失""康德、密尔和其他人……似乎忽略了君子的重要性"等。为什么会这样呢？

我们要抵制比较哲学工作中一直存在的、不幸的不对等，尤其是当这种不对等基于不言自明、持续不断的前提时，即中国哲学与西方哲学的相遇是一个决定性时刻，在这个时刻哲学家的观点更多倾向于西方哲学而非儒家学说。② 在以上这个特定的例子中，我们反对把儒家角色伦理归入西方伦理理论的熟悉范畴。我们将跟随当代中国哲学学者回到经典的亚里士多德美德伦理学模型，试图阐明儒家关于人类繁荣和道德生活的观点与亚里

---

① 倪培民支持 Ivanhoe（2006）的主张。同见 Wilson（2002）和 Yearley（2003）。
② Shun（2008）强调这种持续的不对等。我们可以问墨子是不是功利主义者，但不能问维特根斯坦是否同意一种"正名"学说。

士多德的幸福观有重要的不同之处。

我们将通过对比亚里士多德"美德"（arête）的后天性格特征和更具象的儒家家庭关系概念，来论证儒家规范的另一种基础。对于孔子来说，家庭感情显然是培养道德能力的切入点。[①]因此，我们应该坚持认为，儒家的"规范"是通过最大限度地扮演个人在家庭中的角色来定义的。一个人要想变好，就必须以父母的儿女之身份好好生活，然后把这种道德情感扩展到更大的群体。在我们的阅读中，生活中的家庭角色——母亲、兄弟、孙女——本身就是规范性标准，它们通过存在主义而得到体现，比公认的道德原则更加清晰和具体。

需要注意的是，虽然表示家庭和其他角色的一般术语可以被认为是抽象的，但与西方伦理学的关键术语不同，它们仅仅是抽象的，后者却从个人——西方伦理理论化的道德分析轨迹——开始。当我们被告知一个人是"个体"，而不是"母亲"时，我们对她有什么了解？如果我们想到法律，就会清楚地看到"抽象"是有层次的。"法律"是一个概念；在这个概念之下，我们会发现有刑法；在此之下，是禁止偷窃他人财产的法律；接下去是入室盗窃、抢劫的相关法律；再向下有禁止扒窃、身份盗窃的法律等。

同样重要的是，基于实例化的差异，角色术语远不如美德术语抽象。例如，我们看到某人做了一些看似冒险的事情，如果不仔细检查，我们如何判断此人是勇敢的典范还是鲁莽的典范，或者只是在行动中缺乏思考，又或者我们是否误解了情况？但对于我们的母亲始终是母亲的具体而直接的实例（即使她的行为不那么值得称赞），我们丝毫不能怀疑，因为在很大程度上，我们是谁，是因为她是谁。同样的情况还包括我们的妹妹，我们的奶奶，我们的阿姨珍妮。这些人定义了我们的生活，并在很大程度上决

---

① 我们必须记住，"道德能力"是西方术语；就像我们以下将要论证的，实际上在古汉语中并没有"道德"（morals）这一术语。相较于"合法的""礼貌的""宗教的""仪式的"等术语，我们用于区分"道德行为"和"不道德行为"的标准并不能在儒家哲学中找到确定的依据，而正是道德行为的多样性引发了我们所说的"家庭感情"（family feelings），其中包含"责任"（responsibility）、"爱"（love）、"安全"（security）、"尊重"（respect）、"忠诚"（loyalty）、"敬"（reverence）等。关于规范性行为的不同范畴，见 Rosemont（1976）。我们遵照标准用法，把古希腊语"arete"译为"美德"（virtue），但是我们认为"优越"（excellence）更符合亚里士多德的本意。

定了我们的生活过程，通过了解他们，我们知道和内化了生活在我们这个社会的人之角色，这些角色决定了这些人的行为模式，大部分的模式我们依然拥有，或者很快将拥有。因此，除非我们是痴迷于纯粹理性的哲学家，否则在需要的时候，我们就会从非常具体的、特别的层次出发，并努力到达一个更抽象的层次，但不是高度抽象的层次，即普遍原则。母亲们可能偶尔会制定"法律"，但如果把这两者视为同样抽象的概念，就会误解"母亲"和"法律"的本质。

从中可以看出，亚里士多德（和大多数其他美德伦理学家）和早期儒学的另一个重要区别是优秀的个人固有的优点特性，它能被描述、分析和评估而不以与他人的任何关系为基础。儒家观点永远不会如此。在亚里士多德的观点里，每个人对人类概念的看法或多或少相同。

我们必须注意的另一个区别是亚里士多德在决定道德行为时对理性的依赖，而不是儒家文本中想象的中心。我们认为，亚里士多德和儒家对道德生活的看法建立在关于"成为人"之完全不同的概念的基础上，这是一个区分儒家角色伦理和现代美德伦理的重要因素，我们将这种现代美德与斯洛特（Slote）的感伤主义美德伦理（2007），诺丁斯（Noddings）的关怀伦理学（2003）和丹西（Dancy）的排他主义伦理（2006）联系在一起。我们认为，与古典儒学不同的不仅是亚里士多德的美德伦理学，还有当代的美德伦理学的变体，它们保留着个人和理性的基本角色（在古汉语中，没有类似的表达）。我们认为，过去和现在的道德伦理中常见的道德心理学语言与儒家传统没有什么关系，因为儒家传统认为精神是一种定义人和使人个性化的方式，或者以逻各斯/比例作为人的本质。在这种儒家的道德生活中，我们不是离散意义上的个人，并不是在"扮演"角色，因为角色的多重性构成了我们是谁，并且让我们在结合了智慧和情感的行为中追求一种独特性和艺术技巧。换言之，我们是在同伴关系、认知及情感上协调的多重角色的总和。①

按照他们自己的说法，经典的儒家文本诉诸对实际生活经验的相对直

---

① 作为对照，将人解析为离散式的理解，可参见 Sim（2007：8，13）和 Yu（2007：23）。

接的描述，而不是抽象的道德原则，这就使得亲密的家庭感觉成为独特的人类秩序的具体基础。西方伦理学以引导人们更一致地思考和讨论为目标，儒家思想不仅希望为伦理问题的思考提供词汇，而且鼓励人们成为一个更好的人，这就是两者的一个重要区别。我们把儒家的观点称为角色伦理学，我们打算把它作为人类繁荣的观点而不是另一种道德理论来推进；它是一个寻求将人类生活中的社会、政治、经济、美学、道德和宗教方面结合起来的理想。

在《孝经》首章，孔子宣称孝是"德之本"①。当然，我们应该通过行为去爱、尊重和尊敬我们的父母（和我们的祖先），但这些行为如何与我们的品质——如"节制"（temperance）、"勇气"（courage）和"智慧"（wisdom）（在柏拉图的《理想国》中，苏格拉底最开始使用这些概念，并详尽地进行讨论，后来由亚里士多德延续下来）——相关联，并提升这些品质呢？② 在《孝经》中，熟悉的儒家词汇——"仁"（完美的人或行为）③、"义"（恰当性）④、"礼"（仪式礼节）⑤ 和"智"（智慧）⑥ 是一种持续聚焦于家庭尊崇（孝）和繁荣的家庭背景下才有的血缘相关性。简单地说，当"孝"在家庭中有效地起作用时，团体、政体乃至整个宇宙都是美好的。虽然尚不确定《孝经》是否记载了孔子的真实话语，但基于所接受的语料库，儒家经典中"孝"的概念的中心地位不容置疑。

在这一点上，我们可能会转向最频繁引用的儒家术语——"仁"（excellences）：我们将其解释为"完美或权威的行为"。对孔子来说，没有什么比一个人对另一个人的真正关心更能说明人性问题了，这种感情通常起源于家庭生活。但值得注意的是，"仁"并不先于实际行为，这不是一项超越了以日常家庭为基础的生活的原则或标准，这种生活是人们在自身的角

---

① 作者译文为"root of excellence"，其中"excellence"是作者对"德"的英译。本书作者认为，古汉语中的"德"不能直接对应英文中的"morals"一词，也就是说，"德"与"道德"是有区别的。详见 Ames & Rosemont（2009）。——译者注
② 何者能够居于这三者的中心地位？
③ 作者译文为"consummate person or conduct"。——译者注
④ 作者译文为"appropriateness"。——译者注
⑤ 作者译文为"ritual propriety"。——译者注
⑥ 作者译文为"wisdom"。——译者注

色和关系中实现的。不可否认，仁比孝更普遍，但仁也只能在深化角色关系的过程中得到培养，因为一个人必须承担家庭的责任和义务，进而承担集体生活的责任和义务。因此，仁是共享的人类繁荣。它是人际关系的成果，就像精美的书法作品或工笔山水画中的线条，为了达到最大的审美效果而进行合作一样。

当人们在社会中广泛追求人际交往的质量时，完美的行为就成为团体中那些遵从它的人的典范。完美的行为（仁）就是成为君子的必要条件。

成为君子，就像成为完美的人一样，要求人们进行相互协作，这依赖于人与典范的相关性，而不是对抽象原则的遵从：

子谓子贱："君子哉若人！鲁无君子者，斯焉取斯？"[1]（5.3）

这种合作在音乐的演奏中最为明显。四个优秀的音乐家以一种独特的方式表演，然而，他们所产生的弦乐四重奏完全不同于四个艺术家中任何一人的贡献，虽然每个都赋予了他人和整体意义和美感——通常表现在宗教音乐上，合奏会带来一种神圣的感觉。[2]音乐在儒家传统中的中心地位为人类行为的完美提供了恰当的词汇，这一点不容忽视。

儒家思想从根本上是一种唯美主义，它使用"美"和"恶"等词来表示行为模式（《论语》，20.2），这丝毫不令人感到惊讶。但在中文里，"美"指的是某种关系如何在特定的语境中结合在一起，它没有被命名为"美本身"。诸多人类行为都能被视为"美德"，因为它们是在特定的环境中结合在一起的，而不是"美德自身"。美德无非是一种实用的、富有成效的技巧。

这就意味着，仁并不是一种特定的美德，它不能被孤立地命名和分析为对一个人性格的定义，也不能在不涉及特定角色的情况下像一种完美的人道方式一样被规定和复制。仁是在特定角色关系中培养的才能，有助于使任何特定动作变得优雅和适当，因此成为义的来源。孔子对仁的行为做

---

① 作者译文：The Master remarked about Zijian, "He is truly an exemplary person. If the state of Lu had not other exemplary persons, where could he have gotten this from?"——译者注
② Rounds（1999）深刻地扩展了这些主题，颇具原创性。

了另一种描述，认为仁的行为是一种多价性的关系。仁不是一种"善"，而是一种有效的"擅长、擅于、擅专、对……有好处、和……在一起时比较好"，它描述了在社会经验发展过程中关系的灵活性。仁的行为只有在"好极了"的前提下才是"正确"的——只要对我们及时巩固关系的共同目标是恰当的，无论代价有多大，都要去执行。只有当它是一种纠正行为时，它才是"正确"的行为——在关系中做出调整，以最大化在这种情况下共享的可能性。它主要不是回顾性的"什么"，而是前瞻性的"如何"。通过探寻关系决定和评估的行动质量，意即，从动机和结果的角度追问人类怎么处理他们的相互依存和相互关系，仁是有效和浪费、优雅和丑陋、健康关系和伤害关系之间的差别。

从儒家的角度来看我们的传统伦理话语，可以发现我们思考美德的方式的主要问题是我们倾向于将它们"形而上"化，从而将它们作为约翰·杜威（John Dewey）所称的"哲学谬误"的又一次重复。这样做的后果是，我们认为固定的事情和结果先于经验，错误地将种类和范畴作为复杂的、由关系定义的社交场合的同等表达，并且认为因为我们有抽象的名字，所以我们也有"东西"与之匹配（即"勇气"和"正义"）。当然也有例外，重要的例外就是对西方过去和现在的道德哲学本质的概括，但我们想要确定西方的理论关注和儒家的说服力之间的一个重要区别。

在我们的解读中，儒家角色伦理学并不是试图从具体生活中抽象出来一些因果因素、原创原则、能动性或能力，而是试图将其从道德行为中分离、识别和解释出来。相反，儒家角色伦理从考虑正在发生的事情开始，并试图使正在发生的事情变得更好。在儒家角色伦理学家看来，美德就像一件艺术品，是一种特定的表达技巧和想象力的量子满意度评估，也只有在这个意义上并依据这种测量，才可以通过使用对或错、正确或不正确这样概括性的术语来进行程度判断。同时，仁绝不是严格运用一些预设的和自给自足的道德原则或者由此引发困境，而是作为具象化在人身上的、提升和转换人类经验的、减少道德困境出现的道德意义之载体，不断地进行累积。孔子明确指出（2.3），这种已获得的归属感是自我管理的、非强制性结构的不同类型团体和法治管理的权利社会之间最重要的差别。仁的职能是积极预防道德缺陷状况的出现。这是一种道德艺术，以寻求在更大的范围内提高生活质量。只有在偶然的情况下，当这样的灵感没能占上风时，才会出现需要解决专门问题的办法的情况。正如孔子所期望的那样，理想的社会渴望超越对法治的诉求，以及追求自我调节的充分性：

子曰："听讼吾犹人也，必也使无讼乎！"① （12.13）

我们可以从上述段落中推断出，诉诸法律等道德规则或原则本身就是承认公共失败。比起惩罚那些有不公正或邪恶行为的犯罪者，在创造一种排除虐待情况的社会结构中可以找到更多的正义。从儒家的观点来看，考虑到年轻人和老年人之间，尤其是亲属之间的爱、教养、忠诚和尊重的自然联系，任何一个认为有必要颁布法律以监禁虐待子女的父母的社会都很可能在走向末路。

古典儒相关词汇中的另一个开创性想法是礼，或"仪式礼节"——一个在角色和关系中已实现了的恰当性（义）。它是从家庭关系中衍生出来的一种公共语法，从使我们在家庭中的角色变得强大开始出现。② 作为一种语法，它有可能通过有效的协调而得到升华，使我们能够表明立场，达到一定的地位。简单来说（如果从西方道德观点来看，这也很奇怪），一个人不仅需要承担自己的公共义务，而且必须以某种方式去承担。一个人不仅要举止优雅庄重，而且要以一种由习俗和传统规定的审美和宗教意义所指示的方式行事。在一个人的角色和关系中，礼仪并不会被简化为一般的、正式规定的"典礼"和"仪式"，这些仪式在规定的时间内进行，并贯穿人的一生，无论它们在孔子重新思考之前以这种方式起了多大的作用。当然，礼仪在中国扮演着重要的政治角色，但孔子的礼仪——通过角色和关系来表达礼节——远不止这些。礼仪有一个身体维度，比起语言，人们经常能通过身体进行更好的交流，从而加强具有不同生命形式的参与者之间的联系。它

---

① 作者译文：The Master said, "In hearing cases, I am the same as anyone. What we must strive to do is to rid the courts of cases altogether." ——译者注
② 除了我们这里的分析，读者还可以查阅 Li（2007）。

有一个深刻的情感维度，感觉在其中充分发挥作用并加强关系活动，从而为社会提供了抗压能力。

礼的表现必须根据每个参与者的独特性和成为人的深刻的审美计划来理解。对孔子来说，"礼"对人自身及其团体来说是一种极具个人价值的表现。它也是一种公共话语，通过它，每个人可以定性地把自己塑造成一个独特的人，一个完整的人。

重要的是，没有喘息的机会；礼要求人们在做事的时候每时每刻都对每一个细节给予最大限度的关注，这些细节包括：从最高法院的戏剧性事件到人要入睡时的姿势，从以正确的方式接待不同的客人到一个人独处，从正式用餐场合的表现到恰当的临场表现。

如果儒家的这些要求看起来是过度且不自然的，那么这在很大程度上是由今天人际交往的所有领域标准的下降造成的。坚持一些最低标准的服装或礼仪似乎有点精英主义的味道；在过去，即使是在私下里，口头语（"你知道吧""明白了吗"）也会让人皱眉头。现在在公共演讲中是可以容忍的；为数不多的至今仍然有"含义"的身体语言现在是不尊重的、故意的姿势，是路怒症的直接来源。

继续重新授权我们的公共角色和机构，可以使社会运转良好，也可以带来重建和完善的机会。有些仪式化的行为模式对于人与人之间的主要交往而言是必不可少的。事实上，正如我们已经指出的，我们发现对于早期的儒家学者来说，礼貌和道德之间没有明显的区别。健全的人际关系是恰当行为和自我价值的源泉，而我们与不体贴的行为和不礼貌相联系的这种分裂行为，只会削弱人际关系的意义，这样做，就会做出妥协并最终威胁到社会的道德结构。孔子研究的是仪式配备，而不是军事事务，因为他相信仪式比法律更能规范社会。①

孔子在《论语》中的一个中心目标，或许也可以说是唯一的中心目标，就是引导他的学生成为君子，要求他们在做事时体现完美行为（仁），在所有的行为中表现得恰当得体（也就是像礼一样）。"孝"中包含很多指令："入

---

① 见《论语》15.1：卫灵公问陈于孔子，孔子对曰："俎豆之事，则尝闻之矣；军旅之事，未之学也。"明日遂行。

则孝，出则悌"①（1.6），"无违"（不违）②（2.5、4.18），"父母唯其疾之忧"③（2.6），"父母在，不远游，游必有方"④（4.19）。

虽然忠诚和服从是"孝"的必要组成部分，但它们只是其中的一部分。⑤

事父母几谏，见志不从，又敬不违，劳而不怨。⑥（4.18）

这一主题的"抗议"（谏），在《孝经》第15章阐述得更为有力，它清楚地表明，忠诚和服从是君子的必要品质，但这不够；同样需要做的是，在一个更大的家庭、道德和精神层面上，在公认的个人职责范围内，有一种无论做什么都恰当的渴望。⑦

很明显，对于孔子来说，仅仅是"走过场"履行孝道的责任，虽然可能是社会和谐的必要条件，却无助于一个人向君子迈进的努力。我们显然需要更多的东西，渴望去做正确的事；我们不仅要履行我们的职责，而且要"想"去履行。那么，渴望服侍父母的愿望就是下面这段话的内容：

---

① 作者译文：Revere the family at home and be deferential in the community.——译者注
② 作者译文：Do not act contrary to your parents.——译者注
③ 作者译文：Give your father and mother nothing to worry about except your physical well-being.——译者注
④ 作者译文：When your father and mother are alive, do not journey far, and when you dotravel, be sure to have a specific destination.——译者注
⑤ 关于忠孝之间关系的心理学分析，参见 Hwang（1999）。
⑥ 作者译文：In serving your father and mother, remonstrate with them gently when they go astray. On seeing that they do not heed your instructions, remain respectful and do not act contrary. Although concerned, voice no resentment. ——译者注
⑦ 《论语》2.24 和 14.22 可能更为清楚。这一主题同样在《孟子》中可以找到，《荀子》中甚至更多，尤其是《王制》《性恶》和《子道》这些章节。我们用的"接受"（accepted）这一术语，某种意义上如同克里斯汀·科尔斯戈德（Christine Korsgaard，哈佛大学哲学教授——译者注）用的"自治"一词。通过"选择"（她的术语）而存在的"实践身份"（也是她的术语），比如学生主修具体的科目，她描述了我们有哪些术语将被用于描述接受责任，与具体角色相匹配的责任。见克里斯汀·科尔斯戈德（Christine Korsgaard）（1996：105-106），尤其是她对数学专业一例的讨论。科尔斯戈德的评论与我们对角色伦理学的说明多么吻合（尽管这不是她的本意；儒家在这篇文章或她的其他有关伦理的文章中一处也没有提到，并且为了捍卫她的康德主义旨向，她当然不会同意我们对义务论立场的批评）。

子夏问孝。子曰："色难。有事，弟子服其劳；有酒食，先生馔，曾是以为孝乎？"（2.8）[1]

在这里，我们可以注意到我们在以家庭为中心的角色伦理概述中分析过的儒家术语：仁、义、孝、礼、君子。在过去或现在的西方道德理论词汇中，这些术语都没有完全对应的翻译。反之亦然："morals"（道德）一词在古汉语中就没有意思相近的对应词，英语中讨论关于"道德"的其他所有必要的词，如"freedom"（自由）、"liberty"（自由）、"rights"（权利）、"autonomy"（自主）、"dilemma"（困境）、"individual"（个体）、"choice"（选择）、"rationality"（合理性）、"democracy"（民主）、"supererogatory"（超验）、"private"（私人）、"normative"（规范），甚至"ought"（应该）等。[2] 我们在别处已经论证过这些语义事实的哲学意义，这里仅指出，它们不应被视为孔子或他的追随者在哲学上极端天真的证据。

每一种文化的语言使用者都用术语来描述、分析和评估人类的行为，但他们的词汇会受到文化因素的强烈影响，尤其是关于总体文化的世界观以及在此世界观中人的定义。我们中世纪的先辈们使用的词，如"virtue"（美德）、"honor"（荣誉）和"sin"（罪恶），与今天这些词用于描述和评价人类行为的方式非常不同，他们使用的其他词——"soke"（地方司法权）、"sake"（缘故）、"varlet"（恶棍）、"chivalric"（武士精神）、"liegeful"（忠诚的）等——在现代英语中已经不再使用了。

同样，古希腊人对人的定义极大地影响了当代西方哲学家的假设，但正如 Yu（2005，2007）和 Sim（2007）所指出的，它在许多方面也与我们的定义不同。当代道德话语范式中使用的大量基本表达在儒家词典里缺失，在古希腊语中也找不到，而许多用来描述、分析和评估人类行为的希腊语关键词——"nous""akrasia""arête""eidos""logos""dike""eudemonia""phro

---

① 作者译文：zixia（子夏）asked about family reverence（xiao）. The Master replied: "It all lies in showing the proper countenance. As for the young contributing their energies when there is work to be done, and deferring to their elders when there is wine and food to be had —how can merely doing this be considered family reverence?" ——译者注

② 关于这里和以下提到的语言差异的哲学意义，见 Rosemont（1987）和 Ames & Rosemont（1998）导论部分我们也承认翻译道德术语存在的跨文化问题。

nesis"等，在当代英语（或汉语）中也没有精确对等的词语，如果在翻译的过程中不做适当的修改、修饰以及注释，是很难准确翻译的。①

为了不回避早期儒学哲学问题的重要实质，我们必须了解自己用来描述、分析和评估我们同伴的行为的词有多少取决于人类从根本上是自主的个体这个概念，而这个定义利用的是当代道德话语的词汇。这个关于个人的定义不仅渗透到我们的道德思考，还渗透到目前主导世界经济和政治的发达资本主义社会的政府制度。我们需要仔细观察，因为这也是概念背景的默认基础，西方读者倾向于将其带入儒家哲学。为了强调这一概念背景，我们现在想把儒家的角色伦理与当今西方道德哲学的另外两种伦理理论进行对比（但我们的大部分观点同样适用于美德伦理的几个方面）。

在过去两个多世纪的大部分时间里——一个可以追溯到古代的进化过程——西方文明中人类的基本概念是个人主义。②我们是社会性动物，很大程度上受到与我们交往的其他人的塑造，这一点一直得到各方的认可，却没有被视为我们人类的本质，或者，在更抽象的层面上，也没有被认为具有令人信服的价值。相反，赋予人类基本价值、尊严、正直、价值以及必须得到所有人尊重的，是他们的自主性，或作为一种适用于所有人的潜力而变得自治的能力。③

有了这种对人的基本看法，某些其他品质也必须包含在其中，否则，自主个人的概念将是不连贯的。个体如果是自主的，就必须是理性的；也就是说，他们必须能够违背本能或条件作用，因为不能同时做到这两点的生物肯定不是自主的。此外，人类必须享有自由；如果他们不能理性地在不同的行动方案之间做出选择，然后根据所做的选择采取行动，那么他们怎么能被称为是自主的呢？最后，我们必须指出，个人的这些品质在伦理意义上被视为纯粹的商品。

---

① 在 Dennerline（1989）的引述中，钱穆坚称儒家的概念簇（自我表述）在其他语言中没有对应词。

② 自启蒙运动以来，个人主义已有诸多哲学上和政治上的拥护者，大多拥护者没有对这些概念进行批判（包括马克思，也没少为资本主义辩护）。为了提供必需的矫正观点，我们强烈推荐 Macpherson（1964）。

③ 关于自治观念的调查（和成果），见 Schneewind（1998）。

如果我们以这种个人主义的方式来定义人类，那么在思考应该如何对待同伴时，我们应该尽可能地寻求一个普遍和抽象的观点。如果每个人都具有与个人主义相关的（宝贵的）品质，那么每个人的性别、年龄、种族背景、宗教信仰、肤色等在人类互动的决策中不应该扮演重要的角色，除了对（与伦理无关的）细节的关注之外。因此，我们有责任寻求普遍的价值和原则；否则，一个没有群体冲突、种族主义、性别歧视和民族中心主义的和平世界的希望就永远无法实现。达成的方法显然是尽我们所能来忽略和超越自己的时空和文化位置，并基于纯粹理性的基础，确定能够吸引其他所有理性人的信念和原则，使他们同样忽视和超越和我们完全不同的特定的背景。不同的遗产使我们分裂，产生冲突；我们的理性思考能力使我们团结在一起，因此，与过去和现在相比，人们希望人类的未来会更和平。这种对客观性和公正性的强调一直是支持在伦理学中寻求普遍主义的有力论据。许多人，也许是大多数西方哲学家，已经被它所左右，使任何偶然的挑战看起来要么是相对主义的，要么是专制的，或者两者兼而有之。

两种普遍的道德理论——都基于我们所简要描述的个人概念——自启蒙运动以来就占据了西方哲学家的视野：义务论伦理学，专注于个人责任的概念；功利主义，关注个人行为的后果。两者都声称具有广泛应用性，并且都对英国、美国和法国革命的概念基础做出了巨大的贡献。前者与康德① 有关，后者与边沁和密尔有关②。对于康德来说，逻辑很重要，重点是合规性和一致性，而不是结果；对于边沁和密尔来说，情况更接近于——但并非完全——相反，因为在道德主体对自己行为结果的预测中，概率一定非常重要。

这种描述虽然不充分，但足以说明康德学派和功利主义者，以及早期儒家学派之间的鲜明对比，以及这些差异对于理解孝道概念的意义。也就是说，对于儒家来说，在所有情况下，我们都需要有道德想象力，设身处地地为他人着想（恕），然后尽心尽责、全力以赴（忠），在这种情况下达到最恰当的状态（义）。儒家不追求普遍性，而专注于特殊性；他们看到的不

① 代表著作为《纯粹理性批判》。
② 这里的代表著作是密尔的《功利主义》。

是抽象的独立个体，而是具体的个体，他们彼此之间有着多重的角色关系；他们并不只关注意图或结果（主体或他们的行为），而是关注动态关系本身的技巧和生产力。在儒家的情感中，对这些特定家庭中的特定人物的吸引力，是由这些特定的关系定义的。事实上，人就是他们对彼此的意义。

在讨论对家庭成员和团体成员的感情时，我们并非在暗示角色伦理学的描述中没有认知维度。事实恰恰相反。但在解释儒家角色伦理时，我们想用的是"合理性"，而不是"理性"。思维（心）在早期儒家思想中占有一席之地，它的原意是身体里的心脏。但这里有一个问题：心也是人类情感的所在地，它事先注定了人需要清晰地区分认知和情感。①

儒家"家庭"不可忽视的一个方面是，友谊是家庭关系的延伸，是一种明确的、往往是补偿的家庭价值。在寻求和发展友谊的过程中，我们有一种非血缘亲属所特有的自由度，它为家庭制度提供了一个多孔边界，允许一个人更加深思熟虑地（合理地）塑造自己的个人关系，进而塑造自己。这些自愿的关系虽然是代理关系，但往往达到一定程度的承诺，这超出了更正式的家庭纽带的范围。在某些情况下，一个人必须与兄弟和睦相处，但他可以对朋友更加挑剔和苛刻（《论语》13.28）。

儒家学者必须充分认识、分析和评价家庭成员之间的特定关系，而这种关系对于康德、边沁或密尔的追随者来说是很难理解的。对于后一种哲学家来说，如果所有自主的个体在抽象意义上都被认为需要平等对待，那么就不可能从哲学角度考虑父母和孩子之间的特殊关系（以及其他特殊关系）了。我们认为，基于家庭关系的角色伦理自中世纪以来在西方哲学叙事中吸引的关注相对较少，这是最主要的原因之一。研究西方家庭道德思想的重要历史学家杰弗里·布卢斯坦（Jeffrey Blustein）指出了这一事实，但并没有试图进行解释：

> 在黑格尔之后，哲学家们并没有完全停止讨论亲子关系的规范性
> 方面。所发生的情况是，他们不再试图系统地将他们最珍视的道德和

---

① 罗伯特·所罗门（Robert Solomon），以他1976年的著作为开端，坚持这一令人不满的分离，为克服西方偏见做出了很多努力。

社会价值应用于如何为人父母的研究。解决与养育儿童和我们对儿童的期望有关的问题成了一种"副业"，而影响社会中人类生活的最深刻问题则被认为是其他方面的问题。（Blustein，1982：95）

在我们的政治和法律思想中，义务论和功利主义伦理取向都发挥着重要作用，对立法机关和法院产生了深远的影响。但是，这两种理论都植根于个人主义的基础概念，所以制定适当的家庭法律和政策较为困难，这也是家庭伦理研究成为"副业"的另一个原因。

如果我们对这些立场和问题的分析有价值，那么我们不仅可以看到为什么家庭和国家忠诚的问题不能用西方的道德理论来回答，它们甚至不能被提及。确实，关于家庭的道德问题甚至都无法进行审查，因为根据定义，家庭成员不是抽象的、自主的个体、公众的一部分，而是有血有肉的、具有高度独特性的年轻人和老年人、男性和女性，是与我们密切相关的人类同胞。因此，所有与家庭有关的道德问题都被放在一个"私人"领域的概念下，这个领域涉及个人爱好和宗教信仰，而道德和政治哲学却不涉及这些领域。①

只有当我们抛弃除了高度抽象的个性之外的所有品质时，我们才能开始考虑发展一种在所有情况下都适用的道德原则理论。关于家庭，要试图条理清楚地阐明有关忠诚和义务的道德问题，这恰恰是我们所不能做的。我们一旦使用"我母亲"这种表达——显然这不是滥用语言来称呼一种"道德"情景——我们处理的就不是一个抽象、自主的个体，而是一个生育了我们，带我们进入这个世界，培养和安慰我们，为了我们的利益而完全奉献自己的人。

现在回到对角色和道德伦理取向之间矛盾的主要叙述上来，对康德和密尔一些伦理含义的不安——我们在上文中只提到了其中的少数一部分——导致了一些西方哲学家重新评估和重新解释了亚里士多德的美德伦

---

① 苏珊·奥金（Susan Okin）在著作中指出了西方哲学传统中的这一缺陷，她着重批评了 Rawls（1999），但本质上仍是个人主义，因为当她想保持私人领域时，她想把家庭赶出去，赶入一个独立的"家庭"领域。见 Okin（1989）。

理学。我们不应该问："我的道德行为应该遵循哪些原则？"我们或许应该问："我应该努力培养什么样的道德品质？"正是在西方道德理论中出现这些新方向之后，许多比较哲学家才将儒学描述为一种"美德伦理学"。

我们已经展示了亚里士多德的美德伦理不是以及为何不是理解儒家思想的最合适的模式。我们还可以注意到其他较小但并非无关紧要的差异。首先，亚里士多德主要是为武士贵族写作，而儒家则完全不赞同武士制度[①]。其次，孔子教导任何来到他面前寻求道德生活的人。再次，亚里士多德的美德伦理学似乎要求把普遍的性格特征作为人性的一部分进行假设[②]，而早期儒学的著述当然是统一的，他们绝不承认人类本性的构造。他们都预设，人类——或者在儒家的例子中，可能是"成长中的人"——对文化生成的行为和品味模式持开放态度，并被其形塑，这一立场与我们和亚里士多德联系在一起的假定的生物学和形而上学的一致性非常不同。意即，从初始阶段开始，人们就被认为被独特的、相互作用的关系模式所嵌入和培育，而不是被共同特征所定义的离散实体。"礼"的概念将我们称之为"道德"的行为限定于深厚而丰富的关系模式和随之而来的互动中，伴随着被效法行为极大影响的指令。[③]

亚里士多德美德伦理学与儒家角色伦理学的另一个不同之处是，虽然亚里士多德的确假定了某种关于共同体的一般概念，但共同体并非在所有情况下都是必要的，因为许多美德可能是在独处中培养出来的。也就是说，正如前面提到的，他所拥护的最基本的优点——节制、勇气和智慧——可以在社交场合培养，但并非一一必如此：当我们独自用餐时，我们也可以抵制住诱惑，不吃第三份甜点；我们可以通过跳伞、斗牛，或者在其他许多不需要别人帮助的情况下对抗死亡，来考验我们的勇气；当然，我们也会独自阅

① Sim（2007：16）也把亚里士多德的精英主义视为一种局限。
② Wong（2007）发现，吉尔伯特·哈曼（Gilbert Harman）和约翰·多里斯（John Doris）（在各自不同的著作）提出了这一批评。他很好地回应了这一挑战，但没有坚持某种形式的基础个人主义以迎合美德伦理学家。
③ 见《论语》6.30。

读，并且思考一些事情。①

此外，亚里士多德对城邦的看法是最普遍的社群概念，其基本角色——男性/战士/公民具有共性；而不是像这个儿子、这个母亲、这个邻居等特定的和由关系所构成的角色，这是儒家伦理所要求的。如前所述，在角色概念中发现的非常低的抽象层次与在美德、原则或法律概念中（最重要的是，个人概念）发现的更高层次之间存在着巨大的差异。儒家的基本优点只有在与关系密切的人恰当地生活在一起的过程中才能获得，无论是亲属关系还是非亲属关系。作为一个推论，它必须遵循儒家角色伦理取向，此时我们需要把受动者看得和施动者一样重要。儒家的核心不是行动，而是互动。

当然，在我们所说的道德思想领域，亚里士多德和孔子有许多相似之处。在此，我们不详述这些相似之处，因为其他许多比较哲学家已经这样做了，更重要的是，正如我们自始至终所争论的，我们相信他们之间的差异更重要。展示这些差异并总结关于他们差异的观点的一种方法就是，简单地将他们的文章并列放置在相似的概念上。以法律为例，我们先来看一下《尼各马可伦理学》：

> 但是，如果一个人没有在正确法律的情况下长大，就很难在青年时期得到优秀的正确训练，因为对大多数人来说，生活得克制而艰难是不愉快的，尤其是在他们年轻的时候。他们的教养和职业应由法律规定，因为习惯使得他们不再痛苦。②

---

① 万俊人在这一点上批评麦金泰尔和亚里士多德（Wan, 2004）。在一定程度上，共同体对他们很重要："这些必不可少的因素为既定的美德伦理提供必要的诠释学背景，只具有理论上的重要性——它们自身无从构成美德本身的实践。"麦金泰尔坚决否认共同体对亚里士多德或者他来说是次要的（MacIntyre, 2004a : 154），他引用了《政治学 I》（1253a1–39）："成为一个政治社会的成员，就是和他人分享正义和不正义的观念，好和坏的观念，在政治共同体之外就意味着剥夺了发展为人美德的可能性。"Blum（1998）对比了亚里士多德和麦金泰尔，强调了共同体在生成和践行道德美德中的重要性，他认为这一点超出了他们允许的范围。

② 库伯曼对这一段做出了评论："我们有理由相信，孔子将会质疑亚里士多德的主张：法律在儿童教育上起重要作用"（Kupperman, 2004 : 107）。麦金泰尔对库伯曼和其他人的见解做出了评论，"儒家不仅仅拒绝西方义务论和功利主义，正像库伯曼在比较了亚里士多德和儒家观点后所澄清的一样，儒家也拒绝大多数西方美德伦理学的基本假设"（MacIntyre, 2004a, 2009）。

接下来是：

> 但在他们年轻的时候，仅仅得到正确的教育和关注是远远不够的，既然他们必须做到，那么即使是在他们长大以后，在习惯了之后，我们也需要法律。一般来说，法律要涵盖人的整个一生，因为大多数人服从必然性而不是辩论，也服从具有惩罚性质的而不是高尚的事物。（Aristotle，1984：1180）

我们看看《论语》中是怎么说的：

> 子曰："道之以政，齐之以刑，民免而无耻，道之以德，齐之以礼，有耻且格。"① （2.3）

再如：

> 子曰："唯仁者能好人，能恶人。"② （4.3）

此外，美德伦理与上述义务论和功利主义模式（与角色伦理不同）是一致的，因为三者都通过理性的计算来决定道德行为。遵守道德法则或应用效用原则，从根本上说，是一种深思熟虑的、理性的实践，对它付出越少的情感越好。虽然亚里士多德的中庸之道肯定包含了实用的理性，带有一种"非编纂性"，是对规则的抵触，但他对人类的理解仍然是由对理性的诉求所定义的。这是人类的更高层面，是通过对理论的诉求来定义的：

---

① 作者译文：The Master said: "Lead the people with administrative injunctions and keep them orderly with penal law, and they will avoid punishments but be without a sense of shame. Lead them with excellence and keep them orderly through observing ritual propriety and they will develop a sense of shame, and moreover, will order themselves." ——译者注

② 作者译文：The Master said: "If rulers are able to effect order in the state through the combination of observing ritual propriety and deferring to others, what more is needed?" ——译者注

上帝的现实性超越了这一切的幸福，必然是令人沉思的；因此，在人类活动中，最接近这一点的必然是幸福的本质。(Aristotle, 1984：1178)

但对于孔子来说，一个人之所以能成为杰出的人，是因为他有一种对家庭的崇敬之心。一个人为了孝而孝，或者也许更好，一个人孝就成了孝本身。儒家的优点在形式和内容上与亚里士多德的观点不同，后者认为，主要通过学习、反思和训练来培养适当的情感和态度，是产生令人赞许的行为的手段。对孔子的追随者来说，行动者和行动是相互关联的。行动者始终如一地、专心地、恰当地履行自己的义务——在这些行动中，必要的性情和情绪无处不在。当一个人遵循正确方法的承诺减弱时，这样的行为范例便可证明教导的有效性。具体模式在指导道德行为方面比抽象原则发挥更大的作用。

儒家角色伦理与我们所熟悉的所有美德伦理理论的另一个不同之处在于，在前者中，伦理生活是精神生活的先决条件，对于君子来说，伦理生活与精神生活并无区别。事实上，家庭和社会中的文明是儒家以人为中心的信仰的根源，是人类生活的灵感，以及精神的源泉，而对祖先的崇敬和祭祀则可以强化这一精神表达。①

根据角色伦理学，我们第二次挥起奥康剃刀。正如我们可能会怀疑某些本体论基础的存在——上帝、物质等整体的"灵魂"——我们也可以质疑我们是否需要把一个个人的自我（自然、灵魂、人、性格）放在我们扮演的很多角色后面。② 角色伦理学强调特定的行为互动的连续性，以及它们所带来的个人成长，而不是将它们具体化或让它们从属于长期的抽象倾向。"与

---

① 对儒家宗教性的描述见 Ames（2003），对所有宗教传统的此世分析，见 Rosemont（2001）。

② 威廉·詹姆斯（William James）的论文《从实用主义角度看形而上学问题》探讨了相同的"实体"问题：事物的现象性属性……彼此相附着（adhere）或黏合（cohere）在一起，而"实体"本身是我们无法理解的，我们所理解的实体观是假设这种"聚合"的背后有一个支撑者，就像嵌花瓷砖的"聚合"背后有水泥作为支撑一样，这种假设应被抛弃。显然，单纯的"聚合"本身就是"实体"的全部内容，舍此之外再无其他。

某人相处得好"和"对某人好"比"好"更具体。角色伦理学也关注我们的道德行为的美学质量——它的强度和适宜性，并要求我们根据自己的实际经历和生活来体验我们所经历的特殊情况。

我们认为，在反思美德时，我们倾向于做出错误判断，就像思考人性时一样。就人性而言，我们倾向于对"作为一个人意味着什么"进行回溯性因果或目的论解释，而不是为"成为一个人意味着什么"提供一个更全面的、前瞻性的和前后关联的描述。在这样做的过程中，我们开始假设人性要么是一种可实现的现成的潜力，要么是一种可实现的既存的理想。一些学者认为——Sim（2007：13等）是一个很好的例子——代理和道德责任需要通过对人的定义将个人从他们的关系中分离出来。事实上，恰恰相反，对人的这种现成的定义或指导性的目的论之手，将损害任何稳固的代理或责任存在的概念。

与儒家的"德"相似，我们并没有提及既存的形而上学原则，这些原则从定义上来说具有因果关系，最终会成为我们思考的对象。美德也不是既定的理想，不是通过对人类经验的适当培养而实现的个人性格特征。更确切地说，"美德"就是动名词，即"正在实现美德"。"它们的结局是开放式的，在我们持续不断的关系模式中它们永远是'临时的技巧'。"这样的"美德"是自我关联的活动。这是一种我们通常倾向于称之为"当母亲"和"当儿子"的活动，只有这样才能将其与"勇气"或"正义"等抽象概念隔离开来。我们从儒家角色伦理中得到的是一种现象学，它是关于生活在家庭和团体关系中的具体人类经验的现象学，成为描述全面生活的基础——道德上的，甚至更多方面的。

此外，在伦理学中，我们通常认为道德与"遵从对与错"或"做得好与不好"有关，就好像"对与错"和"好"的概念可以通过诉诸一些既存的标准而为我们所用一样：用美德的语言定义的既存的原则（因果关系）或既存的理念。从儒家的角度来看，我们需要的是一种经验的现象学，使其作为一种基础，来描述用这种方式来加强我们的关系意味着什么。也就是说，我们不得不问：是什么使构成这些特殊关系的局势变得更好，又是什么使情况变得更糟？我们认为道德的实质不过是任何特定情况下的本构关系的正增长。

在跨文化融合的背景下，角色伦理学避免了棘手的道德冲突，它放弃了对普遍性的任何诉求，并假设适当的行为总是在特定环境的复杂性中进行持续的、附带的或多边的谈判的问题。实际上，道德行为的协作性质要求它是相互的和通融的。

总之，尽管与康德主义或功利主义相比，儒家角色伦理肯定更接近于亚里士多德的观点，但我们认为过去或现在的美德伦理都不能恰当地描述孔子和他的追随者的道德情感培养观点，因为这些美德伦理建立在个人、理性和自由的基础之上，对家庭缺少哲学性的关注。我们还认为，这样一种过分强调将理性作为方法的美德伦理，也不可以成为当今文化多元和丰富的世界的道德。

说到这里，我们想要澄清的是，虽然我们相信应学习儒家角色伦理，但我们不认为目前对角色伦理的理解是对道德生活的最终和自给自足的看法。事实上，正是亚里士多德为了平衡和协调客观和公正、第一哲学与特定语境的相互冲突的要求而进行的持久的却往往失败的斗争，使我们吸取了经验教训，为我们指明了前进的道路。同时，我们认为，儒家伦理角色为进一步反思如何实现人类繁荣提供了一个基础，这种人类繁荣同时尊重无尽的特殊性以及这样的特殊性引起的不确定性，并允许发展一种更强大的规范性理念，而不要求过度的第一哲学。

我们确信，无论是过去还是现在，我们可以从儒家角色伦理上学到很多东西，我们同样相信需要竭尽全力进一步发展它，尤其是重新定义许多角色，进而定义家庭，如果它适应21世纪全球文化特定道德生活的话。但我们相信它确实可以适应，因为广义的家庭包括父母、孩子、祖父母、邻居、朋友等，在每一种文化中都是如此，从某种程度上来说，亚里士多德、康德、边沁和密尔的伦理学是无法做到的。[①]

---

① 我们目前的合作以《儒家角色伦理——21世纪道德视野》为题。

参考文献

Ames, R. T. 2003. Li & and the Atheistic religiousness of classical Confucianism. In Tu, W. & Tucker, M. (eds.). *Confucian Spirituality.* New York: Crossroads Press: 165-182.

Ames, R. T. & Rosemont, H. Jr. (trans.). 1998. *The Analects of Confucius: A Philosophical Translation.* New York: Ballantine Books.

Aristotle. 1984. *The Collected Works of Aristotle.* Volume 2. Barnes, J. (ed.). Princeton: Princeton University Press.

Blum, L. 1998. Community and virtue. In Crisp, R. (ed.). *How Should One Live? Essays on the Virtues.* New York: Oxford University Press: 231-250.

Blustein, J. 1982. *Parents and Children: The Ethics of the Family.* Oxford: Oxford University Press.

Carrithers, M., Collins, S. & Lukes, S. (eds.). 1985. *The Category of Person: Anthropology, Philosophy, History.* Cambridge: Cambridge University Press.

Ching, J. 1978. Chinese ethics and Kant. *Philosophy East and West,* 28 (2): 161-172.

Dancy, J. 2006. *Ethics Without Principles.* New York: Oxford University Press.

Dennerline, J. 1989. *Qian Mu and the World of Seven Mansions.* New Haven: Yale University Press.

Hwang, K. 1999. Filial piety and loyalty: Two types of social identification in Confucianism. *Asian Journal of Social Psychology* (2) : 161–183.

Ivanhoe, P. 2006. Filial piety as a virtue. In Ivanhoe, P. & Walker, R. (eds.). *Working Virtue : Virtue Ethics and Contemporary Moral Problems.* New York: Oxford University Press: 297-312.

Kant, I. 1959. *Foundations of the Metaphysics of Morals.* Indianapolis: Library of Liberal Arts, Bobbs-Merrill Co.

Korsgaard, C. 1996. *Sources of Normativity.* Cambridge: Cambridge University Press.

Kupperman, J. 2004. Tradition and community in the formation of character and self. In Shun, K. & Wong, D. (eds.). *Confucian Ethics : A Comparative Study of Self, Autonomy, and Community.* Cambridge: Cambridge University Press: 103-123.

Li, C. 2007. Li as cultural grammar. *Philosophy East and West,* 57 (3): 311-329.

MacIntyre, A. 2004a. Once more on Confucian and Aristotelian conceptions of the virtues: A response to Professor Wan. In Wang, R. (ed.). Slingerland, E. (trans.). *Chinese Philosophy in an Era of Globalization.* Albany: State University of New York Press: 151-162.

MacIntyre, A. 2004b. Questions for Confucians. In Shun, K. & Wong, D. (eds.). *Confucian Ethics : A Comparative Study of Self, Autonomy, and Community.* Cambridge: Cambridge University Press: 203-218.

Macpherson, C. 1964. *The Political Theory of Possessive Individualism: Hobbes to Locke.* New York: Oxford University Press.

Noddings, N. 2003. *Caring.* 2nd ed. Berkeley: University of California Press.

Okin, S. 1989. *Justice, Gender and the Family.* New York: Basic Books.

Rawls, J. 1999. *A Theory of Justice.* Cambridge: Harvard University Press.

Rosemont, H. Jr. 1976. Notes from a Confucian perspective: Which human acts are moral acts?. *International Philosophical Quarterly,* 16 (1): 49-61.

Rosemont, H. Jr. 1987. Against Relativism. In Larson, G. & Deutsch, E. (eds.). *Interpreting across Boundaries : New Essays in Comparative Philosophy.* Princeton: Princeton University Press: 36-70.

Rosemont, H. Jr. 2001. *Rationality and Religious Experience : The Continuning Relevance of the World's Spiritual Traditions.* La Salle: Open Court Publishing Co.

Rosemont, H. Jr. & Ames. 2009. *The Chinese Classic of Family Reverence: A Philosophical Translation of the* Xiaojing. Honolulu: University of Hawai'i Press.

Rounds, D., with the Lafayette String Quartet. 1999. *The Four and the One: In Praise of String Quartet.* Fort Bragg: Lost Coast Press.

Schneewind, J. 1998. *The Invention of Autonomy: A History of Modern Moral Philosophy.* Cambridge: Cambridge University Press.

Shun, K. 2008. Some methodological reflections on comparative ethics. Unpublished manuscript.

Sim, M. 2007. *Remastering Morals with Aristotle and Confucius.* Cambridge: Cambridge University Press.

Slote, M. 2007. *The Ethics of Care and Empathy.* London: Routledge.

Solomon, R. 1976. *The Passions : Emotions and the Meaning of Life.* New York: Doubleday.

Wan, J. 2004. Contrasting Confucian virtue ethics and MacIntyre's Aristotelian virtue theory. In Wang, R. (ed.). Slingerland, E. (trans.). *Chinese Philosophy in an Era of Globalization.* Albany: State University of New York Press: 123-149.

Wilson, S. 2002. Conformity, individuality, and the nature of virtue: A classical Confucian contribution to contemporary ethical reflection. In van Norden, B. (ed.). *Confucius and the Analects.* New York: Oxford University Press: 94-115.

Wong, D. 2007. If we are not by ourselves, if we are not strangers. In Chandler, M. & Littlejohn, R. (eds.). *Polishing the Chinese Mirror: Essays in Honor of Henry Rosemont Jr.* LaSalle: Open Court Publishing Co.: 331-351.

Yearley, L. 2003. Virtues and religious virtues in the Confucian tradition. In Tu, W. & Tucker, M. (eds.). *Confucian Spirituality.* New York: Crossroads Press: 134-162.

Yu, J. 2005. Confucius' relational self and Aristotle's political animal. *History of Philosophy Quarterly,* 22 (4): 281-300.

Yu, J. 2007. *The Ethics of Confucius and Aristotle: Mirrors of Virtue.* New York: Routledge.

碎镜或可重圆：从库伯曼的品格伦理到儒家角色伦理

安乐哲　罗思文

一、道德哲学中的家庭复位

除了一些间接的例外（如亚里士多德、卢梭和黑格尔），家庭以及家庭成员之间的关系并没有得到西方哲学家和神学家的足够关注。人们对家庭的关注更多是负面的，而没有考虑到这种社会制度有着促进人的发展这一正面功能。例如，柏拉图就严格禁止其理想国的护卫者有任何形式的家庭生活，因为这会败坏他们管理和保卫公民的能力。[1]一些基督教学者已然就婚姻和家庭制度做出了可以让人接受的评价，但是对于他们中的大部分人来说，家庭是世俗的，所以必然要低于修士或者修女这些崇高存在，而这些修士和修女因为摒弃了世俗的欲望和追求，因而——或者说应该——离神更近。[2]

然而人是社会存在，社会化过程发端和发展于家庭之中。因此，如果

---

[1] 《理想国》5.465。同时参见第 8 卷的开头部分："所以，格劳孔，我们已在以下几点达成了共识：在完美的国度里，妻子和孩子应该共有；一切教育和战争，和平的事务也应该共有……"（Plato，1961）亚里士多德在《政治学》第二卷（1260b-1266a）也讨论了柏拉图的"妻子和孩子应该共有"一说，但并未评论过柏拉图理念论之下的妇女平等问题。在《尼可马可伦理学》第八、九两卷中，他对家庭本质的观点相对于现代观念并不合理的，如果加以总结的话，无论是基于宗教的还是理性的立场，贬低妇女、沙文主义以及奴隶制这些概念恐怕才更符合他的"理性"而非我们的（Aristotle，1984）。

[2] 始自《哥林多前书》7 : 38 保罗之语："履行婚约是好，但不结婚的话更好。"

道德是我们社会关系之形式和内容，那么关于道德的思考就必须包含关于家庭的思考。鉴于家庭在道德思考中被忽视的程度，以及在这个程度上道德将被摧毁，就像矮蛋儿，我们更乐意试着将它再次拼凑回来。

在西方道德哲学中，我们这一代人里重视家庭和家庭关系的两个人是已故的苏珊·奥金（Susan Okin）和乔尔·库伯曼（Joel Kupperman）。在研究正义与品格时，他们两人对这种制度的作用给予了长期并且仔细的关注。他们对个人与家庭关系各有独特的理解，一个从"实现正义"的角度出发，另一个则从"发展个人品格"的角度出发，我们对这两位哲学家的兴趣主要集中于此。我们发现，奥金清楚地说明了当前家庭不公平制度对公正社会的实现所造成的问题，而库伯曼的"品格伦理学"则可以帮助我们更深刻地认识到家庭在道德能力的发展方面所起到的作用。在本文中，我们将分析这两种立场，然后考虑家庭在现实生活中的重要性，以论证儒家伦理角色以家庭关系为切入点发展道德能力的观点，并将之引入与当代道德哲学的对话中。最后，我们将回到儒家角色伦理学，并引用位于"四书"之首的《大学》，以展示儒家在家庭、社会以及传统之中的个人修养计划。

二、奥金论家庭在正义理论形成中的重要性

尽管多少对约翰·罗尔斯（John Rawls）持批判态度，奥金仍然在继续构建其具有影响力的正义理论。她论证道，除非正义首先在家庭中被学习和践行，不然，在成年人的政治生活中是不可能发展出正义感的。实际上，她在颇具影响力的著作《正义、性别和家庭》中为家庭保留了一个关键位置，严厉地批判了那些认为可以忽视家庭的道德理论家。

我们将在这里再现奥金的批判，以便阐明儒家正义的形成如何始于家庭生活，而非来自原则的抽象或者离散、自主的个体。奥金并非从家庭生活中对正义的反思开始，将实现正义的家庭概念延伸到公共领域，而是选择了描绘正义的抽象的、公共的概念——意即，对每一个人平等的机会——来重构家庭制度。她对家庭不平等的评价十分有说服力，但是，她构建理想制度和政策的单薄的罗尔斯式的解决方案却远不能令人满意。这

些制度和政策可以用于实现一种可量化的正义，这种正义在很大程度上是由普通个体之间的平等劳动分配和薪酬所界定的。

奥金提出了一个令人信服的论点，即家庭制度目前是由一种角色的等级结构组成的，这种角色结构充满了普遍的性别偏见，这从根本上来说是不公正的。考虑到家庭在儿童道德发展和教育中作为名副其实的"正义学校"的重要性，那种认为我们可以在忽视家庭的脆弱的基础上建立一个公正社会的假设，正如奥金所说的那样，是站不住脚的。令人遗憾的是，大多数愿意为我们提供正义理论的学者却完全忽略了家庭，如布鲁斯·阿克曼（Bruce Ackerman）、罗纳德·德沃金（Ronald Dworkin）和罗伯特·诺齐克（Robert Nozick）（Ackerman，1980；Dworkin，1977；Nozick，1974）。替代这些忽视家庭制度的思想家的是另一群理论家，他们通过使用假的性别中立，成功地跳过家庭和社区内的性别歧视问题，假装它不存在，如麦金泰尔和德里克·菲利普斯（Derek Phillips）（MacIntyre，1981，1984；Phillips，1986）。还有少数一些晚近的学者，很快将家庭纳入考量范围，却声称支配他们理想化的家庭观念的准则，如爱、忠诚和信任，比简单地尊重公正和公平的东西要高，如卢梭、休谟、桑德尔和罗伯托·昂格尔（Roberto Unger）（Rousseau，1959—1969；Hume，1975；Sandel，1982；Unger，1975），将家庭排斥于正义诉求之外。

奥金很好地阐述了这个问题，但她的解决方法令人失望。虽然她试图纠正作为一个明显不公正制度的家庭，而太多社会正义建立在这一制度的基础上，但至于正义最后的依靠，她做出了一个灵感来源于罗尔斯的尝试，将正义原则应用在由自主个体组成的家庭中，以便在他们之间创造平等的机会。奥金明晰的解决方案实际上是问题本身的一个组成部分，要求是将基本的个人主义作为人的定义的核心，广泛依赖于对正义的原则性理解，使其作为影响公正世界的工具。她的潜在假设是，抽象的正义原则可以机械地应用于抽象的个体，这些个体与外在的因果关系联系在一起。因此，她忽略了亲密性、互动性和特殊性，而特殊性又总是定义了真正的家庭关系，同时也忽略了推定原则最终产生和应用的特定语境。这种关于正义主题的还原论（虽然几乎当然是无意中地）迅速成为女权主义哲学家玛莎·米诺（Martha Minow）和玛丽·林登·尚利（Mary Lyndon Shanley）的目标，她们在编辑《希帕蒂亚》杂志中一个关于家庭问题的导言时，将"个体必须被同时视为有差异的个体和根本性地卷入依赖、照料、责任关系的个人"注解为"家庭生活的矛盾性特征"。在这一点上，她们是正确的：如果我们假设人类应该被看作基本离散的、自主的个体，那么家庭生活确实变得自相矛盾。

关于家庭制度中普遍存在的不公平现象，对奥金来说，不公平的最大根源是性别歧视及其对工作和薪酬的影响。她愿意通过彻底消除性别差异来解决这些普遍存在的与性别有关的不平等问题。但是，我们如何做到这一点？即使我们做得到，消除性别能解决问题吗？无论我们做出何种尝试，以一种无性别的方式重新认知人类经验，我们必须首先从性别作为历史的差异这一事实出发，然后再问：建立一个没有性别歧视的社会更合乎人意吗？在这个社会里，看起来有区别的"当妈妈""当爸爸""当妹妹""当哥哥"成了废弃的表述？换句话说，对女性来说，较之保持女性身份，预设她们成为无性别的人只是微薄的正义，对于家庭成员来说，较之允许他们在紧密的家庭关联中成为独特的人，将他们还原为一般个体也是微薄的正义。

欣赏真正的差异——性别差异、年龄差异，最重要的是个人差异，对于同等对待每一个人才能达到正义的观点来说，不是在说谎吗？像奥金一样，我们敏锐地意识到了家庭对道德发展产生的深远影响，并且我们当然同意她的观点，家庭应该发挥孩子的"正义学校"的作用，但不是以消除任何有趣的家庭之概念，使它变成一个可替换的平等成员构成的委员会之方式。难道我们不应该努力建设这样一个社会，在这个社会里，性别差异和其他所有真正的差异一样，都是一个更加健全的正义观念的组成部分吗？

三、用儒家观点批判奥金的正义理论

从儒家的观点来看，如果奥金的书反映了我们在制定一个切实可行的正义概念时应该遵循的过程，那么它就必须被重新命名为"家庭、性别和正义"。意即，用儒家观点来批判奥金，将首先开始于宣称对经验整体的考量要求我们在有生命之家庭中开始生活，在这样的家庭中，不仅性和性别，连普遍存在的等级模式都有显著差异。所以我们试图重建所有关系的愿景，性别包括在内，这将最好地满足家庭中每个成员所扮演的多种多样且不断变化的角色的利益。我们的目标不是在家庭中各有特色的成员之间实现简单的平等，而是要实现一种尽可能减少生产差异的平等，同时要牢记在定义家庭生活的所有关系交易时必须具有强制性。在任何时候，随着家庭成员年龄的增长，家庭关系总是在一定程度上发生变化的。

由于我们基本上同意奥金的观点，即性别在很大程度上是一种社会产物，而不是由人类生物学所决定的，因此我们能够而且必须努力重新定义性别差异，以一种互补的、生产性的平等来取代压迫性的不平等。具有讽刺意味的是，一个缺乏情感因素的分配公正的概念企图将可量化的平等标准强加给家庭，无法尊重过程性的、区间性的和具有明显等级性的家庭生活的本质，这样的概念本身是简化且粗暴的，成为一种一致的过程性战略，以消除真正的差异及其创造性的可能性为代价。如果经历了特征显著又不断变化的自然和社会差异而没能适应家庭角色的需要，那么这样的理论对于优化家庭全体成员的经验来说并没有丝毫益处。毕竟，只有能够优化家庭经验的激励才是真实、具体的正义概念的终极目标。对我们来说，奥金没有对家庭中个人的特殊性或者关系的相关属性"不偏不倚"，结果便没能对正义概念自身"不偏不倚"。

四、库伯曼论品格伦理早期发展中家庭的角色

在这个背景下，我们转向库伯曼对个人与家庭关系的讨论这一问题的贡献上。在过去几代人的伦理学视野中，我们目睹了对狭隘的以规则为基础的伦理学方法的持续不满，并看到了不同方面的发展，这些发展试图恢复被排除在考虑之外的人类体验的不同维度。德性伦理的复兴，感伤主义、特殊主义和关怀伦理的兴起，以及对情感和躯体在道德生活中的作用的持续专业反思，都试图以更全面的方式来理解伦理。

库伯曼的工作是对这一巨大的伦理变化的一个重要贡献。他的主要论

点是，伦理哲学应该围绕性格的发展而构建，因为性格的发展始于家庭关系，并在团体和传统的背景下进一步发展。在他早期的作品中，尤其是在他开创性的专著《人物》中，库伯曼提出了一个叫"品格伦理"的理论，他认为这是对人们熟悉的道德伦理的有力替代。在库伯曼看来，儒家对个人修养的重视，与他长期以来对人格发展的关注十分相似。通过对品格伦理学说的阐述，他很乐意与那些主张美德伦理的人划清界限，并进一步提出，孔子本人也应该被列入品格伦理学家的范畴（Kupperman，1991：108–109）。

在用品格伦理取代德性伦理的过程中，库伯曼正尽其所能将道德哲学的"矮蛋儿"重新聚拢在一起。意即，他向被其称为"快照"观的道德决策美德伦理，以及与康德、边沁和米勒相关联的"重大时刻"（Big Moment）伦理发起挑战，是库伯曼自己的概念（Kupperman，1971）。这种使我们对道德的理解变得支离破碎的方法，为他认为发展性格品质的无缝过程带来了过多的断层和裂纹，这种性格品质使我们可以在日常行为中展现道德能力。这种划分虽然承认伦理上的相关问题，但看起来也将这些问题孤立和去背景化了。例如，美德都是被单独和简单地分类和处理的，库伯曼诉诸性格发展就要求我们理解个人品质之间的互相渗透，适应它们的复杂性，并进一步要求将积极和消极的品质同时进行考量。对库伯曼来说，"自我构建于生活之中而非在出生之时就已出现"（Kupperman，1991：37），意即，他试图恢复人类发展概念的过程性和持续性，以尊重时间中美德的相互渗透，并摒弃主动施与和被动施与之间的显著差异。

> 任何人的性格都可能在人生的任何时刻受到社会规范、社会阶层和家庭关系的影响，还受到个人度过人生的方式的影响。随着这些因素的改变，性格的改变将是自然（虽然并非不可避免）的结果。（Kupperman，1991：56）

库伯曼认为，性格的发展在很大程度上依赖于团体和传统的环境：

在某种程度上，一个人可以被认为是在创造一个角色，这种自我创造并不是发生在一个空虚的环境中：它发生在团体中不同类型的人中，以及个人与社会角色和选择的关系中。在某种意义上，不管一个人拒绝接受多少流行的观点和态度，他都是一个自主的人……传统和或多或少具有共同理解的网络为个人品格的发展奠定了基础。（Kupperman，1991：111）

库伯曼关于品格的健全概念比美德特性更关注个人和具有特殊性，拥有积极、持续且特殊的角色，使得经历了时间的生命得以统一和稳固。与延续性和从品格发展的过程性理解中恢复的语境相一致，库伯曼向任何试图将其简化为连续离散的、不具有个人性的选择论原子观发起挑战，并将选择本身视为一个过程，在此过程中持续不断的承诺和责任有助于统一表面上的判断：

决策过程是以单一的决定为导向的，它被看作与其他决定无关的，以一种忽视或轻视承诺连续性的道德重要性的方式进行的，因为我们生活中许多最重要的"选择"，它们最终都被证明是不确定数量的决策群，大多数或所有的决策均指向相同的方向，这使得许多选择不具有反思性或显性。人类生活中的任何选择模式都必须考虑到这一点。（Kupperman，1991：70，74）

在人格发展的各个维度上，库伯曼想要从一个重要的和更全面的意义上理解道德行为，通过在显著程度上恢复道德行为的过程性、始终特定的语境、特殊性和作为道德行为特征的成长。然而，尽管库伯曼通过恢复在道德伦理上被低估的人类行为的连续性，为我们指明了正确的方向，但我们认为他做得还不够。我们能够在他自己的品格伦理学理论中找出残留的分歧和二分法因素，这些因素阻碍了他，就像国王的所有手下一样，阻止他恢复我们实际道德经验的完整性和丰富性。

首先，库伯曼坚持保留一个默认的、离散的、分离的、具体化的"自我"概念，使其成为一个性格发展的新产品：

> 正常情况下，人类机体会认为自己是一个独立的自我，机体的生
> 命是机体的外部边界，这与外界观察者的观点一致……一个正常的人
> 从一个原始自我开始生活，一个自我在童年早期开始出现。它是在原
> 始自我内部构建的，通常不是通过有意识的决定，而是通过习惯和态
> 度的形成以及典型的思维和行为方式而出现的。（Kupperman，1991：
> 38，43-44）

对于库伯曼来说，"性格接近自我的本质"，"性格是生活的主要内容，
就像自我的本质是生活的全部一样"（Kupperman，1991：47）。也就是说，
对于库伯曼来说，自我有一个明确的个性，作为一个人性格发展的基础和
轨迹，在更重要的事情中显现出来（Kupperman，1991：19）。

当我们问这个问题的时候，这个自我、它的品格和它的行为之间是什
么关系？库伯曼将在自我和它从这个自我"流动"到它的行动时所产生的品
格之间保持清晰的区别：

> 性格在行为中肯定有因果关系：在很多情况下，一个人有这样或
> 那样的行为的部分原因，一定是他或她是这样或那样的一个人。但对
> 行为进行因果解释的另一部分是情境的特征。（Kupperman，1991：59）

在库伯曼最近的作品中，特别是在他的《性格和自我形成的传统和团
体》"一文的两个版本①中，他提出了家庭在个人发展中所起的作用，这当然
比奥金的观点更健全，但仍然保留着统一和独立的自我的具体化概念。在
该文中，库伯曼用以下术语强调了家庭、团体和传统在道德自我基础的形
成过程中的重要性：

---

① 这篇文章有两个版本，分别在1999年和2004年发表。

传统，在孔子的表达中是一个好的自我的发展，不仅是灵感和建议的来源，更重要的是构建模式的来源。在他看来，正确的亲子关系具有这种特性。一个人发展出的自我当然是独立的，但并不是完全独立的：会有一些自我让人联想到父母的元素，而这些元素又会让人联想到父母的父母的元素。（Kupperman，2004：115）

库伯曼认为，自我是一种"自我拼贴"的概念，包括"来自外部的元素"，这些元素既有因果性的也有构成性的状态，"代表在生命的不同阶段吸收（有时是排斥）各种影响的层次，这些影响可以追溯到童年早期"（Kupperman，2004：117）。虽然他经常提及并似乎欣赏儒家的关系本质，但他仍然坚持认为一个人可以被准确地描述、分析和评价，而不依赖于其他人。在这种个人和独立自我的假设下，他以一种重要的不同方式诠释了家庭中的人，而不是和我们一样从角色伦理的角度出发进行分析。

我们认为，由物质本体论所产生的主体/客体、主体/行为、身/心、先天/后天等二元论，与儒家角色伦理所包含的关系构成的人的概念几乎没有关系。事实上，儒家关于人的构想没有迎合地位更高的、实质性的范畴，如"灵魂""自我""意愿""能力""自然""思想""角色"，而是明确了动名词的"成为人"的概念，作为在构成家庭、团体和自然环境的关系多样性的范围内，关于思考和感觉的具体的社会活动。因此，人被认为是复杂的"事件"，而不是离散的"事物"；一个"成为"的过程，而不是一个基本的"存在"；一个持续的"进行时"，而不是一个自主的"是"；一个具体的、动态的和构成关系的配置，而不是由某个既有机构所定义的个体化的实体。

芬格莱特不久前优雅地指出了这一点："对于孔子来说，除非至少有两种人，否则就没有人。"（Fingarette，1983）在任何道德（或政治）意义上，角色伦理学都包含这样一种主张：离开与之互动的其他人，我们既不能被很好地描述、分析，也不能被评价。只有从引导其与特定他人之行为的特定角色出发，人才能得到最好的描述、分析和道德（或政治）意义上的评价。

五、儒家对库伯曼品格伦理的批判

我们认为，儒家角色伦理在几个重要方面提供了一个比奥金更广阔的正义视野的基础，比库伯曼的品格伦理更全面的道德生活视野的基础。

第一，与库伯曼试图恢复经验的整体性的精神一致，儒家角色伦理坚持关系的首要性，并排除任何终极的个体性概念。个体离散性是一种概念抽象，严格的自主性是一种误导性的虚构；关联却是一个事实。而我们生活的角色仅仅是进一步规定和详细说明这一关联事实的方式。

我们希望指出，如果放弃"超我"的概念而不是放弃个人的独特性，那么实际上会增强这种观念。也就是说，"自然类型"的言论通常位于共同的人性和相伴而来的本质自我的主张后面，这些言论缩小了我们在儒家关于人的概念中所发现的差异程度，在这个概念中，人总是由包含特定关系的动态多样性构成的。

第二，儒家角色伦理会抵制库伯曼关于行为主体和行为本身分离的非批判的物质本体论。作为儒家角色伦理的核心，仁的概念不需要这样的主体/行为的二分。仁所需要的是对人的叙述而不是分析性的理解。人的培养是通过将自己的行为与那些近在咫尺的榜样联系起来而完成的，而不是通过与一些抽象的道德原则协调行动来完成的。[①] 正是出于这一原因，"仁"，到底是完美的人还是这样的人之行为，通常是不清楚的，其同音词"人"与此相似，指涉的是单数还是复数，也是不清楚的。"仁"是一种结局开放的概括，它是由某些特定的历史成就所构成的完美行为，并非参照一些先天的、基本的要素，而这些要素是"人类"的所有成员的特征。事实上，"仁"是一个动名词概念，是一个动词化的名词，是对完美的"做人行为"之描述。

第三，儒家角色伦理学家会指责，库伯曼没有意识到肉体作为实现个人身份和完美行为的一部分的戏剧性作用。他呼吁使用熟悉的语言："一个心理领域，存在于新生儿中，并持续下去。"（Kupperman，1991：43）但

---

① 《论语》6.30。

是，关于身体作为人类行为的根源，通过行为得到滋养而成长，因此变得富有价值的说法却少之又少。身体——始终是人与世界、有机体与环境之间的协作——既是肉体的，又是生命的，是看得见的，是活着的，是接受的，是反应的。世界不仅塑造身体，而且通过我们的身体感官构建身体，并且概念化、理论化我们的经验世界。（Ames，2011：102–114）这是因为在"孝"的几条规定中，通过身体这一媒介，我们的祖先和他们的文化继续在我们的身体里延续，并使我们的身体完整性位于第一位（Rosemont & Ames，2009：105）。

第四，虽然库伯曼呼吁一种用过程语言来展现角色的形成，以及为实现这种转变而做出的选择，但他对道德想象的过程在完美的思考和生活中所起的至关重要的作用却又语焉不详。在儒家角色伦理中，正是受过良好教育又有想象力的人，为我们描画了所有的人类资源，推迟了我们的行动，直到可能出现最大程度的可能性，这种可能性使我们在关系中有最理想的成长空间。简单地说，在人际关系中成长才是道德的本质。

第五，儒家角色伦理不与德性伦理或任何其他伦理理论相竞争，它是一种抵制理论／实践分歧的道德生活观。当我们阅读库伯曼的专著《人物》时，我们的期望是从中学到一个关于概念的词，使我们能够以更有说服力和微妙的方式思考个人道德发展。然而，当我们阅读儒家经典时，我们的期望更高。我们的期望是，虽然我们当然可以恰当地使用一组术语，以便对我们的行为进行批判性反思，但更根本的是，我们应该从文化榜样的训诫中得到启发，成为更好的人。

最后，尽管库伯曼对《论语》进行了敏锐、敏感和细致入微的解读，尽管他在那篇文章中说了家庭的重要性，但我们相信儒家角色伦理要求我们更多地讨论家庭这个话题。我们现在要完成的就是这项任务。

六、家庭在日常生活中的重要性

库伯曼肯定和我们一样相信，在全球范围内，让家庭成为中心舞台，思考如何解决我们今天面临的艰巨的经济、社会、政治和环境难题，是非常重要的。当然，许多家庭可以被认为具有性别歧视的、压迫性的特征，或者只是在总体上功能失调。但更多的家庭不是如此，不管人们怎么想，家庭都不会像机构一样消失。此外，承认"家庭价值"在概念上经常被用来服务于主要的保守的社会和政治方向，加强了父权制、性别歧视、恐同症和更糟的情况。家庭价值仍然可以相当直接地沿着更进步的社会、政治和经济路线加以修改；或者，我们想在提倡一种以家庭为基础的角色伦理时可以这么声明。

但是，如果我们的努力要得到认真的考虑，就必须从根本上挑战自由思想所提倡的个人主义的概念。我们相信，由我们自己对经典儒家文本的解读所激发的角色伦理，提供了一个真正的替代方案，来取代可以构成契约的基本个人主义。然而，如果不能用非个人主义的道德术语来描述人与人之间的互动，那么角色伦理的挑战就没有多大价值。因此，我们想借此机会来赞扬库伯曼的全部作品，请他评论一下，以下从角色角度对家庭生活中一些独特元素的描述是多么好，或多么差，这与他对人的同情（但似乎仍然是个人主义角度的解释）相吻合，尤其是当他相信他的叙述更好地抓住了关于人类互动的更基本的直觉时，可以使用个人性格和创造力的概念，因为它们适用于全人类。

除了奥金、库伯曼和一些女权主义哲学家，现代西方哲学家对家庭的忽视一直延续到了20世纪。这种忽视的原因可从（至少）两方面看出来。首先，家庭事务长期以来被认为是私人事务，而道德则与一个人的公众形象有关。[①] 在某种程度上，这种区别是由于人们越来越支持政教分离之理念，只有当当事人接受了某一特定教会的信条时，教会才有权规定强制性的义务和责任。也就是说，这些义务属于个人或私人领域，如果一个人放弃信仰，这些义务将不再具有约束力。然而，在公共领域，人们认为道德义务和责任在一个人生活的社会中是强制性的；完全停止的话，唯一的选择就是流亡。

---

① 早期儒学只涉及男性，没有做出这种公私之间的区分，尽管这一内外变化是基于儒家的性别歧视。早期儒学确实在家庭和政府之间做出了区分，但政府不过是家庭规则辐射性的延伸。很多属于儒家家庭领域的，我们今天都可以看成是"公共的"，尤其值得注意的是其中对礼的展现。

我们认为，不审查与家庭有关的潜在道德问题的一个更重要的原因是，主流的西方道德理论在很大程度上基于这样一种概念，即人类从根本上是理性的、自由的和自主的个体（他们通常也是利己的）。无论这种观念〔实际上是预设〕是描述性的还是指令性的，都不重要，因为它们倡导把其他所有人都视为自由、理性和自主的个体。

但我们不会以这种方式看待或对待我们的父母、祖父母和孩子。家庭关系，尤其是最基本的家庭关系，即父母和孩子的关系，是在自由、理性、自主的个体相互作用的基础上，无法被描述、分析和评估，因为父母参与孩子的生活，孩子也参与父母的生活。也就是说，在父母和孩子如何定义他们是谁的问题上，一个重要的因素就是对方。[①] 如前所述，从个人主义的观点来看，这是家庭生活矛盾本质的一部分。

在其他作品中，我们选择将"孝"翻译成"family reverence"，而不是更常见的"family piety"（Rosemont & Ames，2009）。我们放弃标准翻译有几个原因，首先是基督教口吻的"虔诚"（piety）往往容易在儒家语境中唤起错位感。一个更重要的原因是，在儒家思想中，家庭是一个人精神发展的所在地。一个人参与到一个完全世俗的家庭中，但同时也参与到我们所看到的一种真正的戒律中去履行家庭角色，将家庭角色神圣化并将其延伸到非亲属关系中。既然如此，也许应该开始更虔诚地思考家庭问题——首先是我们自己的家庭，其次是其他家庭，就像儒家学者所做的那样。[②]

---

① 我们断言所有的人际关系和合作，都可以通过父母和子女，施惠者和受惠者的关系模型加以描述、分析和评价，甚至是朋友、邻居、同事和其他人的相互关系也可借此进行分析。我们认为，抛弃基础的个人主义丝毫不会丢失伦理意义。

② 有人可能会反对说，这里描绘的家庭图景过于理想，以致不值一提。我们的回复是：我所提倡的家庭图景比东西方的诸多已有的家庭图景还要理想得多。个人主义应是西方家庭的特征。直到19世纪，儿童还在经济学术语中大量出现。西方的核心家庭主要归功于资本主义的兴起，很多家族史的原型，无论是否被社会学家（西方家族），人类学家（非西方家族），还是历史学家编纂过，都值得我们认真审视。杰克·古德（Jack Goody）在《东西方哲学》中认为"空中楼阁没什么问题"，梭罗说："那是他们的归宿。现在把基础置他们之下。"

七、婚姻、家庭和抚育后代中的角色

为了快速描述一下看待人的这一不同角度，我们可以想想自己结婚的时候，从现实的角度来看，我们变得多么不同。我们仍然是我们出身的家庭的一部分，但我们在其中的角色改变了，因为我们现在正在组建另一个自己的家庭，我们进入了和自己选择的配偶组建的家庭。所有这些关系都在很大程度上改变着我们，每个结了婚的人都知道这一点。

当我们的第一个孩子出生时，我们会发生更大的变化，随后是孩子的兄弟姐妹，他们都对我们的定义做出了很大的贡献，我们是谁，我们现在是谁，我们将会是谁，就像我们对他们的成就做出了巨大的贡献一样。因此，当必须用"我的女儿"或"我的儿子"来描述涉及母亲或父亲的所谓道德状况时，根据某种抽象原则制定规则和采取行动的充分性就消失了。作为父母，如果我们没有必要的认知和情感资源，以确保在任何给定的情况下我们都能用最恰当的方式处理孩子们出现的问题，那么康德、边沁、密尔，或任何其他普遍道德哲学家，都不能给我们提供更多的帮助。我们并不是在寻找一个适用于所有抽象个体的规则，我们真正关心的是，现在对儿子或女儿来说，做什么是最合适的，就是现在。

角色伦理是自下而上的，而不是自上而下的，因为它是以直接的人类经验和家庭生活为基础的，而不是以理性地发展普遍原则为基础，而这些普遍原则是抽象的、不受约束的个人所采用的，他们的义务也通常是普遍的。当然，当父母和他们的孩子在一起生活时，他们并不是仅仅活在当下；他们必须记住他们过去的互动，并思考未来的互动。但是，正如我们相信每一位父母都会证实的那样，这些也是我们在日常生活中不断遇到的事情。

在讨论父母对孩子的责任以及孩子对父母的责任时，我们必须考虑到时间。思考一下道德在角色伦理中的地位，从其他普遍的道德观点来看，很可能是看不见的。这种情况是从其中一个儿子的角度来看的。我应该把年迈的母亲放在养老院，还是让她留在我家？这可能取决于我问这个问题时的年龄。如果我35岁，我很可能会相信，为了我的妻子、孩子和同事的最大利益，我会将母亲送到养老院。我可以为此制定一个通用的准则，我坚信我不会成为孩子的负担，我遵循这样的准则，希望他们在我老了时也这样对待我。然而，到了60岁，我可能会以不同的方式回答这个问题。到那时，我可能理解了，即使是最优秀的教育机制也会削弱人类的繁荣，而且我的精力也在不断衰退，我很可能无法制定出一个将父母制度化的准则，一个我自己的孩子也能遵循的准则，我更无法明智地计算出不同选择的利弊。

回到父母角色上来。同样也考量时间在每个人履行对孩子的责任时的重要性，这种考量并不局限于任何一个年龄段，因为我们每个人都应当根据过去、现在和将来的细节来进行思考和行动，以确保我们完善自身作为父母的角色。① 当我们注意到自己作为负责任的监护人的父亲角色时，我们必须首先考虑到现在，也就是注意到我们的孩子对食物、住所、衣服、书籍、安全、爱等的需求。然而，除了照顾他们——满足他们的生理、心理和情感需求，我们还意识到自己有责任把他们抚养成人，我们必须更加小心地考虑未来，而不是现在。也就是说，作为父母，我们不仅要关心孩子们现在的状况，为他们的将来做最好的打算。我们的孩子会在某种程度上以我们希望他们长大的方式成长，但另一些方式可能是我们所不希望的，所有这些方式的细节在很大程度上都取决于孩子的生理和心理构成。然而，细节将同样取决于我们自己的家族史、种族、公民身份和其他社会因素，这些因素在很大程度上决定了我们不仅对自己，而且对我们的孩子也有希望、恐惧、梦想和目标。没有这些因素，我们就不会是现在的我们，也无法组成一个有意义的家庭。

在抚养孩子的过程中，我们所关心的不仅仅是，或者甚至主要是，寻求最大限度地提高他们日后成为完全自主和自由的个体的可能性，让他们理性地选择自己的未来，正如个人主义的道德所要求的那样。（对于学生来说，老师们可能会有这样或类似的目标，但家长和孩子的情况截然不同）。

---

① 我们从 Ruddick（1988）中受益良多，他提供了对父母角色多个维度的分析，尽管他关注的是自然中的生物伦理——在儿童的治疗方案上，医生和父母会出现分歧——但他的看法，尤其是对关爱孩子和养育孩子的区分，仍然适用于我们这里讨论的主题.

但我们认为，这一要求不仅不可能被满足，而且是不可取的；我们现在再来简单地考虑一下这个问题，再一次以时间为重点。①

八、家庭与价值秩序

我们试图按照一种价值秩序和模式生活，这对我们是谁和我们做什么有着重要的影响。我们之所以有这些价值观，是因为我们相信它们是好的价值观，并且我们努力在自己的行为中为后代树立榜样，比为他人树立榜样更加努力。毋庸置疑，我们将努力向我们的孩子灌输我们的价值秩序，因为父母的主要责任是让孩子以价值为导向，如果不把他们导向我们自己的秩序，我们会把他们导向其他哪些人的秩序呢？我们怎么可能在这两者之中做出选择呢？② 这并不是说我们有时不会重新排列我们的价值观，因为很多人会这样做。有些人把爱国主义置于对杀戮的厌恶之上，他们可能自愿参军，然后参加战斗，但后来却成为和平主义者；有一些人离开或加入教会；有一些人对穷人困境的同情会变多或者变少；如果我们自己的一个孩子被残忍地杀害，我们对死刑的反对可能会减弱。

然而，我们可能会以一种理性的方式来改变我们的价值观。我们可以解释为什么自己不再接受暴力作为解决争端的手段，或者看到对"责怪受害者"言论的回避，我们可以在与我们的孩子（以及父母）的讨论中解释这些变化。但在任何时候，我们都相信自己的价值观非常好，并试图在自己的行动中反映这些价值观，我们期待与孩子讨论它们，而且希望孩子接受并效仿它们。照顾孩子的人可能不必对孩子做这些事情，但父母必须这样做，

---

① 这里可能要告诫人们的是：如果我们以前的伦理学学生要捍卫柬埔寨红色高棉的自我屠杀，那么毫无疑问我们作为教师，至少在某种程度上，是失败的。

② 我们强调价值的优先性，意在说明我们不相信像大多数人认为的那样。"采用一套新的价值"是可能的，从逻辑上来说，人们不能重新采用一套全新的价值，而只能重新安排他们（和所有其他人除了反社会者）已有的价值。例如，除了诉诸一个更为基本的你们共有的价值，在涉及特殊价值的价值上，一个人如何能让你改变主意？人人珍视安全，人人珍视自由，但是不同的人对这些价值有不同的排序。如果一个营地的成员要说服另一个营地的成员改变主意，后者没有"采用一套全新的价值"，但只是重新安排既有的价值。但这个只适用于某些时候，不是总这样，不是永久的。在 X 情形下，自由胜过了安全，在 Y 情形下，可能出现相反的顺序。

如果孩子们不认真对待这些事情，那绝对是不孝顺的。

九、不肖之子：是否符合道德

假设有这样一个人，他选择的职业是工会组织者。他对自己的工作总体上很满意，当他通过努力，另一个工作单位在工会投票中代表他们与公司高层进行谈判时，他感到非常自豪和高兴。他的职业生涯并没有让他变得富有，却提供了儿子上大学所必需的资金。从那以后，他开始接受这个目标。现在，在通过律师资格考试后，儿子宣布，他得到的最好的工作机会来自该州最大的宣扬解散工会的公司，而且儿子已经接受了这个工作机会。

看起来，父亲在这种情况下可能会感到的任何骄傲和快乐——儿子有一份工作，显然是他自己选择的——几乎会立即离开他，而被严重的抑郁所取代；不仅仅是因为儿子做出了选择，而且是因为父亲现在不得不以一种非常不同的、消极得多的方式来看待他作为父亲的角色，以及在几个重要方面的失败。这不仅仅是因为父亲私下里希望儿子成为一名劳工律师；如果儿子选择了学习房地产法、刑法，成为助理地方检察官或公设辩护律师，父亲可能会有点失望，仅此而已。但是，对于儿子来说，开始从事与他的父亲一直为之奋斗并试图体现的团结和社会正义价值观背道而驰的职业，证明了他父亲在关键方面存在根本性缺陷。

有人可能会倾向于认为，父亲只是以自我为中心，或想通过儿子的工作感受和他相同的生活；或作为一个教条主义者，按自己的社会政治议程行事；或根本不考虑儿子如何自豪于拥有独立的知识和能力来做决定。但现在，当儿子开始他的职业生涯时，我们把注意力转移到儿子身上，他致力于反对他父亲毕生的工作和梦想时，我们应当如何看待他？

注意，只要我们仅仅把他看作一个自由的、自主的、做出了理性选择的人，我们可能就会耸耸肩说："那又怎么样？"或"这是私事，是他父亲的困扰，不是一个道德问题。"然而，我强烈的感觉是，如果我们把他作为这个父亲的儿子来关注，我们就不会想太多，不会认为他是个道德上的失败者，尽管他的行为具有私人性。我们也可能会认为儿子相当冷酷无情，并把他描述成一个以自我为中心的人，因为他没有意识到他的决定对他父亲的重要性，因为这个决定，他现在已经变成了一个完全不同的人，不仅仅是出于他的悲伤。儿子显然不仅忘恩负义，而且对他的家庭极为不敬，对他的生活和与之交织在一起的其他人造成了不幸的后果，这就是我们轻视他的原因。[①] 我怀疑，即使是那些憎恨工会的人也会这么想。那么，这就是行动中的角色伦理，以及它与建立在个人主义理念之上的道德有何不同：如果父亲和儿子只是自主的（不受约束的）个人，那么这里就没有道德问题，充其量只是一个个人问题。

当然，父母必须在他们对孩子的引导行为与对彼此独特性的欣赏之间取得平衡；我们的目标是让孩子接受一种类似于父母的价值秩序——不仅仅因为这是他们要做的，而且因为他们相信这是一种很好的秩序，一种未来值得维持的秩序，并相应地致力于此。在我看来，这一目标只能在父母对孩子的爱以及在抚养孩子时的模范行为的基础上实现，很少有抽象的道德规则或原则能发挥作用。回到这位负责组织工会的父亲，他怎么可能在他的价值秩序中把一个更高的位置分配给绝对命令或效用原则，而不是给予他生命意义、目的和满足的整体排序？

十、对家庭功能失调的反对

有人可能会反对说这一切都很好，但我们该如何对待那些不爱自己孩子的父亲呢？我们怎么能对这样一个家庭充满敬意呢？难道我们不需要更多适用于这些情况的一般道德准则吗？如果爱可以使父母的行为符合必要的道德原则，而不需要在反思时援引这些原则，那么很好，这个反对意见可能会继续下去，但是我们该怎么在没有更多总体道德原则的情况下，处理无爱心的、不管不顾的父母（显然，不幸的是，今天有很多这样的父母）？

---

① 亚里士多德完全不会同意我们的看法，因为他认为尽管他那看起来"不友好的学说""与人们持有的观点相反"，然而他其实是主张"一个人的后代和他所有朋友的命运都不能影响他的幸福……"（Aristotle，1984）

　　这种反对很可能是对儒家思想特殊性质的最常见反驳。① 作为回答，首先这可能是不敬的，但是把问题反过来就不是不敬的。如果父亲很蛮横，我们还有什么理由相信他们会看到光明，成为善良的康德主义者或功利主义者？几乎可以肯定的是，所有这样的父亲几乎都没有读过这些哲学家的著作，我们将如何强迫他们读呢？在任何一个层面上，甚至在实践层面上，怎么能认为反对孔子比反对康德、边沁或密尔更有效呢？

　　更重要的是，反对意见背后的问题不能像陈述的那样得到回答，因为它要求人们遵循一个规则或原则，我们认为从早期儒学的文本中无法获得这样的规则或原则。它的核心是特殊性。但这并不意味着这个问题没有答案，因为凡是问题总有一个答案，只是框架不同而已。

　　如果我看到父亲过度教导我的弟弟妹妹，而且似乎对他们漠不关心，我必须首先问他为什么会这样，如果可能的话，我会试图找到问题的原因。如果第一个问题没有得到回答，我的下一个问题是：我是否有能力改变他的行为，以使我的兄弟姐妹们茁壮成长？如果答案是"是"，我就会这么做。如果我的回答是否定的，我必须问自己是否可以帮助我的母亲来改变他。或者让我的叔叔阿姨（他的兄弟姐妹）或者我的祖父母（他的父母）改变他的生活方式。如果这一切都失败了，那么我可以尽我所能，在父亲专横或虐待我的时候，尽可能地保护我的兄弟姐妹不受父亲的伤害。在极端的情况下，我可能不得不向公共机构寻求外部援助，或者在绝望的情况下向警察寻求帮助。总之，我做什么取决于我是谁，我的父亲是谁，以及其他家庭成员的具体个性和能力。但是，对于这个问题，我们有时会通过反思

① 通常冲突会从两种事实中出现，一是好的儒家在需要的时候应该在政府任职，如果你所服务的统治者是个十足的无赖，那么该怎么办？孔子要遵循什么样的原则？如果我们的理解没错，在早期的文本中找不到这样的原则。但是尽管如此，我们还是可以轻易地解决这一冲突。与其探究抽象原则，我们必须要问，在政府任职的人，此时此刻，统治者是否是可改进的？如果答案是确定的，我们必须要问第二个更为具体的问题：我们是否有才智和技能去改进他？如果这个问题的答案也是确定的，文王就成了我们的模范，我们将继续任职，一直劝诫。如果第一个问题的答案是"是"，而第二个是"否"，孔子本人成了我们的模范，当我们回到家庭和社区，从那里服务政府，《论语》2.21阐明了这一点，7.16和8.13加强了这一点。如果我们这样回答第一个问题，"不，我们不相信他是可改进的"，那么我们必须举起反叛的旗帜，武王成了我们的英雄和先驱。总之，没有冲突；就总有做出决定的程序。它是高度特殊的——似乎完全没有更坏。

而得到答案，但不会援引普遍的规则或原则。

十一、儒家角色伦理中家庭的首要性

从当代儒家的角度来看，迄今为止这个故事的寓意应该很清楚：在处理父母和孩子之间的关系时，我们不能看到任何作为自由、自主的个人的参与者，因为他们不仅处于互动中，也在他们对自己现在、曾经和未来是谁的感觉中紧密地与其他人联系在一起——在所有情况下，因为爱而连接在一起，并经历时间的考验。在很大程度上，做一个父亲或母亲的意义在于始终对孩子的性格、能力和情感保持敏感，在照顾孩子的同时，也要考虑到这些因素，并着眼于未来。作为一个儿子或女儿，我们在选择和实现人生的任何重要目标之前，要对父母的信仰和感受保持敏感，这种敏感必须贯穿于父母的一生，以作为儿女的一种忠诚。当然，这种忠诚并不排除向他们（或其他权威人士）提出抗议，因为古典儒学的所有文本都表明了这一点。

父母应该在多大程度上向孩子灌输每一种行为及伴随的态度，部分取决于他们自己的价值观，但更取决于孩子的具体性格。对儒家学者来说，我们对挑战权威的行为不可掉以轻心；但是，如果这些品质没有适当的内在导向，也没有外在的展现，那么这些品质就既不是忠诚也不是孝顺。对他们来说，这些品质是相互的，每一位家长和老师都必须知道何时以及如何最好地灌输适当的感觉，以配合适当的行为。例如，在《论语》第一章里，我们发现"其为人也孝悌，而好犯上者，鲜矣"（1.2），但与此同时，"有事，弟子服其劳；有酒食，先生馔，曾是以为孝乎"（2.8）。不知何故，当权威被否定的时候，真正的孝让我们具有洞察能力，因为孔子同样指出，"非其鬼而祭之；谄也。见义不为，无勇也。"（2.24）

文本证据表明，早期儒学并不认为家庭制度太久太难，但与西方哲学相比，却出于完全不同的理由：家庭对人类繁荣的基础作用是不言而喻的，因此不需要详细的分析或辩护。对于儒家学者来说，问题不在于家庭对于人类的发展和繁荣是否必要，因为很明显家庭是必要的，如果没有家庭，人们就认为没有成为人类的途径。① 问题是：为了家庭成员的发展和繁荣，哪种行为模式在家庭中最合适？②

早期的儒家文本当然不是简单的育儿手册，但它们在一定程度上仍然是育儿手册，小心而又保持敏锐的阅读会教给父母（和老师）如何培养孩子，并以未来的眼光来教育他们。相反，作为一个儿子或女儿，在选择和实现自己生命中的任何重要目标之前，一定要对父母的信仰和感受保持敏感，这种敏感必须贯穿父母的一生，这是忠诚的问题。也许父母去世之后也是如此。

十二、思想实验：论孝的恢复

父母在照顾和抚养孩子时必须考虑到的另一个因素是时间。除了现在和将来，父母还必须关注过去。在我们看来，儒家学者可能有很多话要对今天的每个人说：他们对仪式的详细关注，尤其是对祖先崇拜的关注。也许是为了纪念我们死去的先人，"孝"作为一种家庭尊崇的概念可以被以一种最生动的、最虔诚的方式来看待，最重要的是，"孝"作为一种战略，可以起到加强活着的人的角色的作用。

从外貌到母语，从种族到社交过程的细节，我们可以直接追溯到我们的祖先。我们在食物、音乐、服装等方面的许多爱好也往往可以直接追溯到我们的父母和祖父母，以及他们的祖父母。（在很多情况下，我们也可以把自己的反感归结到某些口味上，或者直接归结到其他口味上。）不管你喜不喜欢，我们属于一个家庭，而且是一个有历史的家庭——在大多数情况下，不只一个。由此可见，我们对家族的过去了解得越多，与家族的联系就越多，我们越能了解自己是谁，也就越能设想自己可能会成为什么样的人，或者应该成为什么样的人，并以此来定义自己。

这一点对于有钱有势的家庭来说是显而易见的：每一个洛克菲勒、肯尼

---

① 郝大维和安乐哲认为，家庭是中国思想中最基础的概念。

② 这就解释了相比孔子的其他伦理学术语，为什么"孝"在《论语》中出现得比较少，后来只有在《孝经》中"孝"才被慎重对待。见我们对这一文本的翻译（Rosemont & Ames, 2009）。我们对这一文本的介绍提到了这里详细展示的某些主题。

迪、布什、范德比尔特等人都有强烈的自我意识，都属于一个有着特殊历史的特殊群体。我猜，这些家庭里的所有成年人不仅能说出祖父母的全名，而且能说出部分曾祖父母的全名。大多数普通美国人做不到这一点，但这一点仍然适用于所有家庭。在我们每个人的家谱里，几乎可以肯定都有一两个英雄，也很可能偶尔会有一个恶棍。我们每个人都有八个曾祖父母，如果我们知道他们是谁，我们会对自己有更好的认识。他们的名声可能是伟大的或地方性的，或者他们可能只是"普通"的人，但所有家庭的历史对其成员来说都是特殊的——如果你愿意的话，是非凡的。然而，为了获得对一个有历史的家庭（每个家庭都有）的归属感，你必须了解那段历史，尤其是那些创造了那段历史的祖先的生活。因此，我们所有人都应该了解家族历史，认真听祖父母和兄弟姐妹给我们讲的故事，看看老照片，或者做一些家谱调查工作。当我们继续发展我们家族的历史，并为之做出贡献的时候，如果我们知道自己从哪里来，那么我们就掌握了自己是谁以及可能成为谁的主要线索。

了解我们家族的历史并不仅仅是为了证明银器上的纹章是正确的，而系谱学和纹章学是完全不同的学科。我们不应该仅仅为了吹嘘我们祖先中的英雄而去研究我们从哪里来。曾祖父汤姆可能是西部边防城镇里一名出色的治安官；但是，他也可能是一个被西部边防城镇的一个出色的治安官所处决的马贼。

在我们看来，要获得归属感，感受家族的传承，最好的办法就是偶尔举行一场祭祖仪式，尤其是对父母和祖父母的纪念仪式。因此，在我们作为父母的角色中，重要的方面是向我们的孩子灌输这种来自具有悠久历史的家庭的归属感。我们必须依次向我们自己的父母和他们的父母表明我们的责任，并告诉他们，这些责任不会在他们去世时终止。我们有责任让祖先看到他们的记忆不会被时间完全抹去。

因此，为了给我的孩子树立一个合适的榜样，我应该定期参加纪念祖先的仪式，这种仪式可能会在我们的文化中广泛传播，或者在当地进行传播；或者，这可能是我们家族特有的一种仪式；这甚至可能是我和妻子为我们的后代创造的一种仪式。在我的父母和祖父母去世后，我通过纪念仪式来继续履行对他们的责任，这丰富了孩子们的生活。

认为我们欠死者的债似乎有些奇怪，但事实并非如此。即使是无神论者也能理解履行临终诺言的义务（Nagel，1979：67）。并非每一个儿子和女儿都拥有在一个充满爱的家庭长大的"承诺"，我们不要忘记祖先，也不要让自己的孩子忘记他们，不是吗？仪式，尤其是家庭仪式，往往占据大多数西方哲学家的思想，虽然并不比家庭更多，但仪式可以形成家庭的基本黏合剂，并显著影响其成员的自我认同，以及他们的价值感。①

领悟到这一点的另一种方法是，想一想很多人去公墓纪念逝去的亲戚、老师或者朋友的时候，总是和墓碑"说话"的情景。这并不奇怪，它完全是具有人情味的；我们知道死者听不到我们的声音，但无论如何我们说话时都感觉"好像他们在场"②（3.12）。

那么作为家庭成员，特别是当我们为人父母时，我们的角色在道德、社会和政治上的重要性不亚于宗教。在履行我们对孩子和父母的多重责任时，我们要顾及现在、未来和过去，从而能够看到和感觉到自己与从前、现在和将来紧密地联系在一起，这是一种虽小但并非无关紧要的不朽——此时、此地、此世（Rosemont，2001）。

对于这种洞见，如果没有别的原因的话，我们仍然要感谢早期的儒家学者。在过去，这些做法毫无疑问源于人们对鬼和灵魂的普遍信仰，不管是善意的还是恶意的，都与世界宗教的神学相一致。当然这也发生在中国，这就是早期儒学的特殊天才与今天相关联之处，在社会、政治和经济的见解之上，他们为我们提供了在此认真思考家庭责任的任务：他们也向我们展示了尊重祖先的仪式和习俗如何改变，以满足和维持一个不相信灵魂的世界，即使这样的人在不断地增加。即使没有这样的实体或神灵，我们也可能是虔诚的——尤其是对我们的家庭。

---

① 亚里士多德会再次反对这一看法：他只关注死者的本体论地位。他不相信我们应该为了死者思考或行动，或者当我们考虑我们的行为或为我们的行为辩护，"似乎是……即使死者中渗入了任何善恶的东西，那也是软弱的，无足轻重的，或者如果不是这样，至少在某种程度上，它必定不是为了让那些不高兴的人高兴，也不是拿走那些高兴的人的福份。"（Aristotle，1984）

② 《论语》3.12，同见 11.12. 关于丧礼的心理学维度的分析，见 Rosemont（2007）。

总之，似乎自童年早期开始，我们的生活由角色来定义，这些角色在过去和将来都与我们息息相关，在与他人交流时为彼此的发展做出贡献，在任何有意义的情况下，几乎不可能确定我作为一个个体意义上的自我是什么。相反，我们似乎是我们生活的角色的总和，在这些角色中，我们第一次学会如何在家庭中生活和实践，今天我们继续在家庭中生活和实践着这些角色。

所有这些关于鲜活家庭的观点——个人的、社会的、道德的和精神的——都可以从角色伦理的制高点看出来，这个角色伦理关注与我们互动的人。从其他任何建立在自由、自主的孤独个体之上的虚幻中，他们很难被看到，正如A.E.豪斯曼（A.E.Housman）的诗中所说的：

我，陌生人，充满恐惧
在一个不是我缔造的世界里。（Housman，1922）

十三、人生规划中的儒家角色伦理

反思家庭在日常生活中的重要性时，我们转向《大学》中定义儒家条目的陈述，以家庭感受为切入点来发展道德能力。这个简明而全面的文本的中心信息是，虽然个人的、家庭的、社会的、政治的，甚至是宇宙的培养最终是相互关联和相互依赖的，但它必须始终从在家庭和团体的角色和关系中对个人培养的承诺开始。换句话说，个人修养对于关系构成的人来说是不可减少并具有社会性的，它的培养轨迹是角色和关系，从家庭本身开始，正如《大学》里所说的：

物有本末，事有终始。知所先后，则近道矣。……物格而后知至；知至而后意诚；意诚而后心正；心正而后身修；身修而后家齐；家齐而后国治；国治而后天下平。

每个人都有对家庭、团体、整体和宇宙的独特视角，并且通过对有意识的成长和关联的奉献，每个人都有可能使在家庭和社区中定位并构成他们关系的解决方法变得更加清晰、明确，更有意义。《大学》的"学"是富有成效的培养，超越个人的行为习惯，通过家庭、团体以及政体向外辐射，并最终改变宇宙。家庭的意义涉及并依赖于每个成员在家庭和团体内部的生产性培养。个人价值是人类文化的源泉，反过来人类文化是为每个人的培养提供环境和资源的聚合资源。

这一儒家思想虽然具有重要的理论意义，但它在《大学》中形成的持久力量在于，它来源于对人类实际经验的相对直接的描述。儒学是一种务实的自然主义，从这个意义上说，它不依赖形而上学的预设或超自然的推测，而是聚焦于通过美化日常事务来提高我们在此时此地所能获得的个人价值的可能性。祖母对孙子的爱，既是最平凡的事，又是最不平凡的事。

孔子通过发展他对最基本和持久的人类经验的见解——家庭尊崇、尊重他人、友谊、羞耻感培养、教育中心、团体和国家的政治、代际责任和尊重，等等，保证了儒家道德的持续相关性，其意义不限于中国。

参考文献

Ackerman, B. 1980. *Social Justice in the Liberal State*. New Haven: Yale University Press.

Ames, R. T. 2011. *Confucian Role Ethics: A Vocabulary*. Hong Kong & Honolulu: The Chinese University of Hong Kong Press & University of Hawai'i Press.

Aristotle. 1984. *The Complete Works of Aristotle*. Barnes, J. (ed.). Princeton: Princeton University Press.

Dworkin, R. 1977. *Taking Rights Seriously*. Cambridge: Harvard University Press.

Fingarette, H. 1983. The music of humanity in the conversations of Confucius. *Journal of Chinese Philosophy*, 10: 331-356.

Goody, J. 1996. *The East in the West*. Cambridge: Cambridge University Press.

Housman, A. E. 1922. *Last Poems*, Poem XII. New York: Henry Holt & Co.

Hume, D. 1975. *An Enquiry Concerning the Principles of Morals*. Oxford: Oxford University Press.

Kupperman, J. J. 1971. Confucius and the nature of religious ethics. *Philosophy East & West,* 21(2): 189-194.

Kupperman, J. J. 1991. *Character.* New York & Oxford: Oxford University Press.

Kupperman, J. J. 1999. *Learning from Asian Philosophy.* New York: Oxford University Press.

Kupperman, J. J. 2004. Tradition and community in the formation of character and self. In Shun, K. L. & Wong, D. B. (eds.). *Confucian Ethics: A Comparative Study of Self, Autonomy, and Community.* Cambridge: Cambridge University Press: 103-123.

MacIntyre, A. 1981. *After Virtue : A Study in Moral Theory.* South Bend: University of Notre Dame Press.

MacIntyre, A. 1984. *Whose Justice? Which Rationality?.* South Bend: University of Notre Dame Press.

Nagel, T. 1979. *Mortal Questions.* Cambridge: Cambridge University Press.

Nozick, R. 1974. *Anarchy, State, and Utopia.* New York: Basic Books.

Phillips, D. L. 1986. *Toward a Just Social Order.* Princeton: Princeton University Press.

Plato. 1961. *The Collected Dialogues of Plato: Including the Letters.* Hamilton, E. & Cairns, H. (eds.). New York: Pantheon Books.

Rosemont, H. Jr. 2001. *Rationality and Religious Experience: The Continuing Relevance of the World's Spiritual Traditions.* Chicago: Open Court.

Rosemont, H. Jr. 2007. On the non-finality of physical death in classical Confucianism. *Acta Orientalia Vilnensia,* 8(2): 13-31.

Rosemont, H. Jr. & Ames, R. T. 2009. *The Chinese Classic of Family Reverence: A Philosophical Translation of the* Xiaojing. Honolulu: University of Hawai'i Press.

Rousseau, J. 1959—1969. *Discourse on Political Economy in Oeuvres Completes.* Volume 3. Paris: Pleiade.

Ruddick, W. 1988. *Parenthood: Three Concepts and a Principle. Family Values.* Houlgate, L. (ed.). Florence: Wadsworth Publishing Co.

Sandel, M. 1982. *Liberalism and the Limits of Justice.* Cambridge: Cambridge University Press.

Unger, R. 1975. *Knowledge and Politics.* New York: The Free Press.

负重而行：儒家文化的代际传承

安乐哲

在本书中，我和罗思文教授合作撰写了多篇文章，作为我们的实践课业，以理解传统儒家文化中哲学化的叙事本质。[①] 我们认为，"道"，即"将我们在此世所经之'路'铸而为一"，或称作"穿过共通的物理、社会和文化景观"——是对儒家《论语》核心命题的暗喻，在中国哲学传统中不断延续并成为其艺术的定义性术语。正如孔子本人所声明的，每一代人都从前人那里继承了指导性的道德指南针——"斯文"[②]（《论语》9.5）。因此，他们义不容辞地要体现这种文化，以解决他们时代的紧迫问题，并在每一时间和地点中重新赋予他们威信。他们以全部的生命力为后续的几代人树立了文化实践的榜样，在这样的过程中，他们向后代宣示，后代也要为未来的传承者们做同样的事情，正如孔子所说，"人能宏道，非道宏人"[③]（论语15.29）。因此，作为一种活的文化，儒学不仅长了"腿"，而且是真实的、强有力的谱系，它是具象的、不死的，在每一代人中不断传承下去。

---

① 一些当代西方哲学家，比如查尔斯·泰勒（Charles Taylor），也在这个意义上谈论"人"的概念。Taylor（1989：35）认为，人只有在他人的"自我"中才能成立其自身的"自我"。脱离周遭的"他者"，"自我"就无从谈起。"可以认为，我们在叙事活动中攫取我们的生命感知，以建立自身感知的基础。……获得我们自身的感知，我们必须对我们如何变化而来，以及将向何处去有一个明晰的见解。"（Taylor，1989：47）
② 作者译文为"this culture of ours"，即"我们的文化"。——译者注
③ 作者译文为"It is human beings that extend the way, not the way that extends human beings."。——译者注

在本文中，我首先尝试对儒家传统中"道"①的含义做一个更微妙的理解，意即，"穿过共通的文化景观之旅"②。接下来，我将转向"孝"或者"孝道"的表达，我和罗思文将其翻译为"家庭之中的敬重之路"③，以探索文化在家庭血缘内部传承的过程。④第三个术语是"儒"或者"literati culture"（不幸的是，西方传统一般将"儒"翻译为"Confucianism"），通过"儒"来记录不断变化的、动态的、持续的精英文化景观，而若干世纪以来，这种文化景观被不断保存和重新配置。最后，我将以唐代（618—907年）到清代（1616—1911年）初年山水画家的世系为例，说明家族之"孝"与文人之"儒"是如何传承的。

罗思文极其努力地使儒家传统可以为自己发声。他已经开始"穿过一个共通的文化景观"，试图确定一些我们自己的哲学预设。这些预设可能在持续构建共享式家庭以及公共儒家身份认同的过程中被随机地投射到，从而覆盖了不同的情感指向。在这些不同寻常的假设中，第一个假设是一种不加批判的基础个人主义，这种个人主义通常以自治、平等、自由、理性和通常意义上的利己主义来定义。这种自由主义的个人主义观念深深根植于我们西方文化的传统之中，成为一种文化常识而根深蒂固，以至于它已经成为一种默认的意识形态，而这种意识形态在过去的选择中也很少受到挑战。⑤认为人可以准确地被描述、分析和评估的问题在于，它假设人是一个完全独立的个体，在心理上、政治上和道德上完全独立于其他人，然而，这只是一种虚构，这种虚构曾经是善意的，但现在它已经在为苛刻的、利己的自由主义道德做辩护，已经成为有害的论断。这样的个人主义不仅不能让我们对家庭和团体的共享式生活有充分的理解，而且进一步造成了与生活的联接性这一经验事实的矛盾。事实上，这种虚构的个人主义忽视了亲密性、相互性和特殊性，因此无法定义真正的家庭关系。事实上，家庭

---

① 此处作者用"daoing"来表示"道"，这是将"道"先理解为动词，再将之动名词化，表示作为一个过程的"道"。——译者注
② 即"travelling together through a shared cultural landscape"。——译者注
③ 作者译文为"the way of family reverence"，这是作者对"道"的英文译名。——译者注
④ 见 Rosemont & Ames（2009：1, 34—36, 105—116），对"孝"的翻译和解释的部分。
⑤ Taylor (1989)、Emmett (1966)、Smiley (1992) 以及 May (1992) 等中涉及个人角色与关系的相关论述。详见《大陆哲学与比较》"儒家角色伦理学"一栏。

角色远非单一不变的模式，恰恰相反，它既包含自然的差异，也包含社会构建的差异，这些差异的结构丰富且不断变化，而由于未能充分容纳家庭角色的丰富变化，抽象的个人主义通过强制一致性牺牲了真正的多样性及其创造性的可能性，从而变得简单和暴力。

在对家庭角色及关系的核心且重要的讨论中，罗思文描绘了后来我们所提倡的、独一无二的"儒家角色伦理学"，以论证我们充当各种角色的生命综合体，这些角色包括孩子的家长、施予者和接受者等，被过于紧密地联系在一起，并允许以自由的个人主义为基础的分离和破碎假设。我们过着相互关联的生活，这无疑具有社会性，在构成我们独特叙事的交流中，也在我们最基本的、基于角色扮演的个人认同中。家庭生活中无处不在的责任感不仅将我们的注意力引向当前和未来的紧迫性，而且还为我们提供了一种历史的和叙事的意义，让我们知道自己从何而来，并在很大程度上告诉我们自己是谁。

在儒家哲学的解释框架内，相互联接、彼此渗透的人际生活被认为是一个无可争议的经验事实。每个人的生活和每一件事情都发生在某种自然的、社会的和文化的背景之中。联系才是事实，我们在家庭和社会中扮演的不同角色不过是特定的有联系的生活模式的约定：母亲、儿孙、老师、邻居等。然而，尽管我们必须把相关的生活视为简单的事实，但在家庭、团体和广义的文化叙事中，激发和产生这些规定角色的技能——儒家角色伦理——是一项成就，我们需要用想象力来理解这一联接性的生活事实。

罗思文先生思考了个人主义伦理理论与儒家角色伦理所倡导的道德生活之间的矛盾，请允许我在此基础上继续拓展，通过对儒家文化中人际传播和代际传承的动力进行更全面和更具体的讨论。以拉尔夫·沃尔多·爱默生（Ralph Waldo Emerson）令人难忘的文章为例来构建我们的讨论似乎比较合适。作为思想家，爱默生为我们国家和文化身份的形成做出了巨大贡献；而作为美国人，他使我和罗思文获益良多。爱默生引用了一个木匠砍木头的简单形象，对文明和道德的持续发展做出了深刻的阐述。爱默生提出了一种耐人寻味的对比：一方面是毫无成效的"在世独行"，另一方面则是将道德和文明之庄严负于我们的肩上，纳入我们鲜活的生命之中，并不屈不挠地进行推进：

> 文明取决于道德。人的一切美德都依赖于更高的东西。这条规则既适用于大规则，也适用于小规则。因此，我们的力量和我们工作的成功与否取决于我们所借用的要素。你可曾见过木匠站在梯子上用一个巨大的斧子从下往上砍木头？好尴尬啊！这对他的工作多么不利！但你看，他现在站在地上，把木料铺在脚下。现在，木匠不再凭借他那虚弱的肌肉，而是靠重力将斧子砍下去；也就是说，是他脚下的这颗行星在劈开他的木料。①

爱默生所描绘的由共同文明赋予力量的生活形象，让人想起"将我们在此世所经之'路'铸而为一"（道）这一关键的哲学概念。那么，我们如何理解这个重要的儒家隐喻，即我们在出生时就已经加入的家庭和共同体？

我们必须从探讨儒家自身的语汇入手，从而让传统为自己说话，为阅读传统建立一种诠释语境。"道"一贯翻译为"the way"（道路），可能是西方中国哲学研究中最普遍的能达成共识的观点。中国哲学的特殊品格在于，它是传统文化中的主导要素，有时甚至成为各种复杂的关联性及其诸多含义的首要因素。② 为了理解宇宙不断变化的过程，我们必须承认任何"事物"的不可分离性，以及它与不断变化的背景之间的关系。作为"事件"（而不是实体）的本体论推论的优先级是过程的和变化的，而不是形式的和停滞的。这种过程的宇宙论将人类的逗留定位在一种突现的、前瞻性的宇宙秩序的框架中，其中形式本身被表达为生命的节奏或韵律。当然，这一至关重要的过程宇宙论与古希腊的形而上学和本体论传统形成了鲜明的对比，而形而上学传统则被定义为先在的依据和不变的第一原则，宇宙秩序即来源于这个第一原则。

在中国这个过程宇宙论中，"道"的概念被同时表达为无边界的整全性

---

① 《美国的文明》，载于《大西洋月刊》1862 年。
② 我们通常会默认哲学是传统文化中的主导要素，无论东方还是西方，但实际上这只是中国文化的特点。对于西方文化来说，哲学未必居于主导地位，科学与神学才是。——译者注

和人类经验的开放性，"道"在"万物""万有"中呈现、展开，在这个过程中，"人"拥有至高的、自傲的地位。诚然，在青铜器皿和最近发现的简帛文献中，"道"本身的形象不再仅仅是一条道路，其图像明显表示一个行进中的人处于一个十字路口中间：𧗞和𧗞。而具有双向关联性质的"德"，则指涉"万物""万有"的连续过程中的独特性，是一种坚守性的承诺。换句话说，在此过程宇宙论中，内部关联的学说认为"物"是由一系列重要关系所构成的，这种宇宙论保证了每个细节的独一性，构成了一种彼此关联而又可以清晰区分的演变矩阵。

因为经验总是从一个特定的角度被习得和拥有的，所以整体经验的"道"和作为经验内容的"德"只是看待同一现象的两种非解析的方式：前者强调经验的连续性，而后者强调内容的多样性。下面我们会看到，在儒家角色伦理学中，我们关注的是特定的人及其境遇之间的关系，"道德"这种二项式表达不是简单地描述人和他们的环境；事实上，它已经成为一个规范的术语，用来描述那种在富有成效的关联性中获得和表达的技艺。

以"道"的动词性、过程性和动态性为基础，它的几种派生意义自然地浮现出来："向前引导"需要一种"方法、艺术、教学或教义"的"解释"，然后产生"道、小径或路"，使我们得以前进。因此，在最基本的层面上，"道"代表着"走在世界前面""开拓前进""修路"的积极项目。为了表现"道"的动态意义，我们有时使用一个新词"way-making"来翻译（Ames & Hall，2003）。通过这种主动意义的延伸和衍生，"道"暗含了一种已经形成的，因而可以途经的路径的意义。

作为支配我们欧洲语言的词性，名词、动词、形容词和副词鼓励我们以一种特定的文化形式来划分世界。在这种语法决定因素的影响下，我们倾向于将事物与行为、属性与形态、"哪里"与"何时""如何"与"什么"分开。然而，考虑到在这个中国古典过程宇宙论中假定的空间、时间和物质之间的流动性，这些熟悉的范畴并不能统摄整个中国世界的解析和划分方式。时间、空间和物质只是简单的解释性范畴，用于描述同一转化方式及转化之体验的不同方面。因此，像"道"这样用来定义中国世界的语言必须被认为是跨越时间、空间和物质界限的。作为"什么是"（事物及其各种属性）和"事物如何是"（它们的行为和各种形式），"道"就成为这种动态整体论的完美例子。当我们说"I know"时，在中文里就意味着"I know 道"，即"我知道"——从字面上说，就是"我知了'道'"，它与"知"（knowing）的主语以及理解的质量有很大关系，因为它处理的是知识的目标和性质。因此，在我们认定的事物和事实之间没有明确的界限："事物"是一个基于无限经验性的"场域"之内的独特、动态的"中心"，同时，"场域"又全息性地处于这个"中心"之内，这是一种"中心—场域"而非"部分—整体"的语言描摹，就像贝多芬《第九交响曲》中的每一个音符都有其自身的意义，却必须在整个交响乐中来定位和评估它们。

转向人类世界和人之"道"，这个过程宇宙观是通过个人修养的中心性来表达的。作为一切意义关系的生成来源，个人修养使我们通过这世界的特定路径而走在一起。人类不仅仅是旅行者；他们也必须是"路径"的建设者，因为持续的人类文化——人之道——总是临时的，一直处于建设之中。我需要再次强调一下，关系是至关重要的，居于首要地位，这意味着个人修养的轨迹根植于那些不断演变的角色和关系中，这些角色和关系构成了我们每个人在生活叙事中所扮演的角色。在下面这一段话中，在被问及孔子的学术渊源时，子贡精准地表达了人类文化所特有的、连续的、重要的特征：

> 文武之道，未坠于地，在人。贤者识其大者，不贤者识其小者，莫不有文武之道焉。夫子焉不学？而亦何常师之有？ [①]

这段话的直接意义在于选择文王——"文"之王——作为孔子教育的源泉，并声称这种生活文化在不同程度上在人们身上得到了体现和落实。而文化叙事——道——从最广泛的意义上讲，是在文明从一代传到下一代的

[①] 作者译文：The way (dao) of the early Zhou dynasty Kings Wen and Wu has not collapsed, but still lives on in the people. Since those of superior character realize the greater part of it, and those of lesser quality realize some of it, everyone has something of Wen and Wu's way in them. Who then does the Master not learn from? And again, how could there be a single constant teacher for him? ——译者注

必然性过程中展现出来的。

"道"是一个多义词，我们可以对它的意义范围做一番解析和归纳。"道"的意象——"在共通的物理、社会和文化景观中旅行"——我们至少可以从中识别出三个相互重叠、相互关联的语义维度，而它们与"携重而行"的形象是息息相关的。

首先，"道"作为一种正在展开的文化倾向具有"动态"感，这是"道"的最基本特征。"道"作为一种持续的、经验性的导向，是冷冰冰的、有分量的，它为一同行进的我们提供了身份上的同一性和共通的历史情景。正是因为"道"的这种意义，"道路"（the way）的翻译才为人所熟知和确证。如果在我们自己的语言（英语）中寻找"道"的近义词，它可以被理解为一个通用的概念（"文化""文明"或"生命"等），以反对我们熟悉的那些排他主义的二元论概念（"主体/客体""形式/功能""能动性/行动""事实/价值"等）。从这个意义上说，"道"是所有生活经验的汇合，在我们的叙述中汇集成一种共同的文化认同，其中的韵律、连续、过渡和分裂都是人类经验流动的特征。

其次，我们必须强调"道"是规范性的而不是简单描述性的，因为人是以一种积极的、创造性的角色行进在属于我们自己的路径上。在我们的生活经历中，一定有一种不可避免的力量在起作用，它解释了日常生活的持久性和规律性。但这一展开过程是未定的，我们可以对这一未定过程施加独特的和创造性的影响，并且在每一刻的体验中可能会自发地出现新的体验。开拓向前的道路是共享式的，允许对这种体验提供的更加流动和不确定的机会做出有教育意义的反应。我们以最佳方式应对这些新机遇的能力，本身取决于我们过去经验的丰富性和深度。的确，只有受过训练的味蕾，才能够期待并最充分地享受新颖的烹饪技艺，而这种烹饪技艺也会慢慢变得更加适合我们。

再次，人类，远不是小角色，而是重要的，甚至是宇宙的合作者那样的宗教性角色。个人修养是一切意义的最终来源，在这个过程中，个人角色和关系达到的强度和广度决定了个人对自然、社会和文化世界的影响程度。人通过修养而建立生活规则，既有机会也有责任参与天地（the heavens and the earth）的共同创造。从这个意义上说，作为最接近完美状态的人，"圣人"可以提升到一个真正的宇宙层面，被称为"天地之心"（the heart-mind of the cosmos）。

对"道"最熟悉但又最具有引申意义的理解，是这些更主要意义的后特设组合：将"道"作为客体进行使用，在英文语境中最熟悉的翻译为"道路"（the way）。这种翻译赋予"道"名称，从而使之过于确定，可能会暴露出它的流动性、反思性和对未来的开放性，而给予"道"优先权，往往是无意中用回顾性、实质假设覆盖前瞻性、过程敏感性的第一步。此外，这样的阅读尊重传统的聚合重量和它被赋予的神圣性。但即使在反思之前我们暂时引入带有分量和传统权威的"道"，如孔子之道，在我们解释和重新为"道"赋予权威时，也必须让自己现在的优势观点将我们包含在其中，使"孔子"成为动态和全体的，而不是简单地引用和观摩一件古董。

现在，我们从这种或许过于抽象的反思转向更概括的和具有宇宙论意义的道——"穿过一个共通的物理、团体和文化景观"，更具体地考察"孝道"（the way of family reverence）。在"孝道"中，我们可以借用一种字面上更"熟悉"的"路径"来理解这个具有开创精神的思想——"家"（family）和"熟悉"（familiar），这两个词在英文中的词性较为接近。

但在谈到"孝"之前，我们必须首先澄清在儒家背景下家族制度的性质和意义。著名社会学家费孝通对"家"这所概念做出一个对比：作为繁衍后代的场所的"家庭内核"，与作为共享着相同姓氏及血缘的人群而延展为氏族的"家族"相比前者是被人类学家所重视的概念，后者则是前现代的中国家族制的主要历史模式。从血缘而言，"家"的确具有繁衍功能，但费先生坚持认为，在中国人的经验中，家是"一切活动组织起来所必由的媒介"[①]（Fei，1992：84）。意即，除了家族的永存，血缘有着复杂的政治、经济和宗教功能，这些功能沿着父子关系和婆媳关系的垂直和等级序列得以表达。通过对祖先崇拜的各种制度，血缘关系在社会和宗教上进一步得到加强。考古学告诉我们，这种做法至少可以持续地追溯到新石器时代（Keightley，

---

① 即"血缘"与"地缘"的区别。——译者注

1998）。

在这一点上，周亦群的观点在学术界引起了共识，她声称，前现代中国社会"在几千年的时间里，很大程度上是一个由亲属原则组织的政体"（Zhou，2010：19）。当权衡社会秩序在多大程度上源自并依赖于家庭关系时，周亦群坚称与希腊相比，"中国古代从来没有被当作一个与其公民总数相称的政治共同体"，"统治者和被统治者之间的关系被认为是类似于父母和孩子之间的关系"（Zhou，2010：17-18，51）。她说，中国古代"七成是世袭组织，三成是君权"（Zhou，2010：19，55）。正是这种持续的以家庭为基础的社会政治组织，在中国古老的文化中最终提升了特定的家庭价值和义务，这些价值和义务被"孝"这个词所定义，以管理道德的方式产生作用。

在早期传统中，《论语》明确地表明了家族情感的基础性和重要性，即为儒家通过个人修养达到人类完美程度的目标提供了切入点和运行轨迹。事实上，在道德生活的视域中，"孝"被比喻为"道"的"根"，"道"从中汲取能量并显现其自身的形式：

> 君子务本，本立而道生。孝悌也者，其为仁之本与！ ①

家庭对个人发展的深远影响始于婴儿对其出生的家庭关系的完全依赖。因此，重要的是要明白，婴儿并不能被视为一种离散的生命形式，而是由家庭关系所构成的。婴儿教会了我们很多，第一课就是人类为了生存而不可避免地相互依存。家庭是所有个人、社会、政治乃至最终宇宙秩序的中心。所有的意义都在同心圆中扩散开来，这些同心圆始于个人修养，处于一个由家庭角色和关系构成的道德空间之中，借由个人修养推动其意义不断提高。这些圆环通过共同体向外延伸直到宇宙的尽头，然后再返回来，回报和滋养作为最初来源的家庭。

---

① 作者译文：Exemplary persons (junzi 君子) concentrate their efforts on the root, for the root having taken hold, the way will grow therefrom. As for family reverence (xiao 孝) and fraternal responsibility (ti 悌), it is, I suspect, the root of becoming consummate in one's conduct (ren 仁). ——译者注

在《孝经》这部中国古代典籍中，孔子提出了"孝道"，并认为"孝道"是道德和教育的根本："孝道"是道德美德的根源，而"教"是"孝"的本源。[①]（Rosemont & Ames，2009：105）。《孝经》的第一章提供了我们在儒家文献中看到的那种由中心出发的辐射性进程，这种进程始于对生物学意义上的自我的关心，延展到对家人和亲戚的关注，以及对最高政权及子孙后裔的服务。在这篇文章中，文王再次被挑选出来，作为当时一代人的灵感来源，并作为这种文化红利累积到一定程度受到回报的例证：

> 身体发肤，受之父母，不敢毁伤，孝之始也。立身行道，扬名于后世，以显父母，孝之终也。夫孝，始于事亲，中于事君，终于立身。《大雅》云：（文王）无念尔祖，聿修厥德。[②]

在这一段中，保持身体完整当然是指保持自身肉体的完整，但它也适用于更广泛的解读，也就是说，每一代人都有责任保持文化的主体性，每个人都应该是一个能够代表文化整体的、活着的文化主体。这是一个具象化的过程，作为代际传播的动态"孝"，我们可以借助"體"（体）和"禮"（礼）来理解其内涵，这两个字是基于血缘的家族连续性的必要组成部分：前者意味着"身体""体现""形成"，后者意味着"在角色和关系中恰如其分""礼仪"（Ames，2011：102-114）。人在实际的经验中表现出的具象化

[①] 我们拒绝把"孝顺"直接等同于"服从"这样过分简化的等式。被视为儿童对尊长那种自下而上的顺从的"孝"，必须与那种来自家长的自上而下的力量以及父亲的权威明确区分。有时，作为家庭中真诚的子女，正如作为朝廷忠诚的臣子，需要勇敢的谏诤远多于服从。这种谏诤不是一种选择，而是一种神圣的义务。在《孝经》第15章中，孔子不厌其烦地解答曾子的疑问，从中可以明确"孝"与服从的区别，指出"服从"将导致不义，而这与"孝"的基本追求恰恰相反。

[②] 作者译文：Your physical person with its hair and skin are received from your parents. Vigilance in not allowing anything to do injury to your person is where family reverence begins; distinguishing yourself and walking the proper way (dao) in the world; raising your name high for posterity and thereby bringing esteem to your father and mother—it is in these things that family reverence finds its consummation. This family reverence then begins in service to your parents, continues in service to your lord, and culminates in distinguishing yourself in the world. In the "Greater Odes" section of the Book of Songs it says: "How can you not remember your ancestor, King Wen? You must cultivate yourself and extend his excellence." ——译者注

的生活和有意义的角色，以及由此在社会关系形成的形式维度，如果缺失的话，我们将面临一个非常现实的问题：是否可以通过生命形式本身来取得重大的改善？正如我们所看到的，"具象化的生活""活生生的肉体"恰是知识和文化宝库得以生成和传承的场所。通过持续的、代际传承的过程，包括语言材料和熟练程度，宗教仪式和神话，烹饪、歌曲和舞蹈的美学，习俗和价值观的范式，认知技能中的指令和执行，等等，一个个活生生的文明才得以延续。

我们迫切地需要让"孝"成为文化主流，使得每个有意义的生命成为文化流经的渠道——成为人之路（人道）。正如我们上面所看到的，即使是资质较差的人也会意识到一些。不过，孝的顶点仍然在于那些能够为子孙后代扬名立万的人，这样做会给他们的家族带来荣耀。正是这些典范，在各个时代，在千百万年的时间里，使我们超越了兽性，用文化的最高意义上的优雅和精致，强化了人类的体验。文人或"儒"的精英阶层，在文化正统序列中立足并使之历久弥新的中流砥柱——这被称为"道统"——这正是我们现在需要达到的。

作为哲学家和"万世师表"的孔子，拉丁文写作"Confucius"，这个名字延及英语（而不是汉语）表达，"儒家"因此被称为"Confucianism"①。孔子无疑是一位有血有肉的历史人物，他在大约 25 个世纪前生活、讲习直到去世，在他自己的时代里巩固了一种令人敬畏的智慧遗产，这种智慧被代代相传并应用于整个文化性格的塑造。孔子的弟子通过《论语》中的段落所收集的关于他生活的记录展示了他那深刻的为人范式，就这种范式而言，《论语》有着独特的价值和意义。但后来，正如孔子所自述的，他提供的大部分东西都有古老的根源，他倾向于走既定的道路，而不是开辟新的方向（《论语》7.1）。实际上，可能正是出于这个原因，在中文传统中并不是根据孔子这个具体的人来确定一种"孔子思想"或"孔子主义"，而是以"儒"这种文人阶层在持续的几个世纪中不断地提供和发展着一个文化传统"儒学"

---

① Tim Barrett (2005：518) 认为 Sir John Francis Davis（1795—1890）是第一位使用"Confucianism"这个词的人（Davis，1836：45）。见 Standaert（1999：115-132）对儒学传统的详细讨论及其对 Confucianism 与耶稣会士无罪认证的相关解释。

（literati learning）。

在现存资料中，"儒"最早出现在《论语》中的一个段落：

> 子谓子夏曰："汝为君子儒！无为小人儒！"①

实际上，根据汉字的词源，这些"儒"是一类"文雅"（gentle）的人，至少可以追溯到孔子六十代之前的商朝（公元前 1600—公元前 1046 年），包括孔子死后的八十代学者和知识分子。②这个士绅的知识分子阶层在不同的时代以不同的方式为这种"儒学"（literati learning）贡献了自己最好的思想，这是一种持续的、有生命力的传统。在商代，儒者们开始认真地将城市生活美学化，其精心打造的青铜文化已经成为世界各地博物馆里中国新兴文化的象征。这恰好符合孔子的预设，这种学术遗产被称为"儒学"，常常作为中国文化的核心——既重要又共享。而我们现在所称的"儒家"实际上是一个共享的文化，被每一代人欣赏、评论、重新解释、进一步阐明并授予权威。儒学并非某些固定教条的卫道士，在漫长的十几个世纪的不同阶段，儒学反映了不同的价值观，并接受了不断发展的各种思想和文化的检验。

我想以几个山水画大家的传世作品来结束这篇文章。这些大家生活在唐朝至清朝之间。我用他们的作品来体现儒学文化一以贯之地延续、在不同年代中不断变化以体现进化价值的特点。

为了简单地考察特别复杂的儒学传承谱系的故事，我们可以从最古老和最著名的"元季四大家"代表人物黄公望开始，他在中国绘画的悠久历史上相当杰出。黄公望是一位非常受人尊敬的知识分子，他建造的"三教堂"反映了一种包容儒家、道家和佛教的哲学态度。黄公望的笔法深受董巨画派的影响，其中包括董源及其学生巨然的作品。黄公望最著名的画作之一就是《富春山居图》。

---

① 作者译文：The Master remarked to Zixia, "You want to become the kind of ru literatus who is exemplary in conduct, not the kind that is a petty person." ——译者注
② "儒"的同源词有"需"（supple）、"臑"（pliant, soft）、"孺"（child, weak, mild）等。

黄公望不仅继承、改进、发展了前人的绘画风格，也启发了后世。例如，明代（1368—1644）晚期画家和理论家董其昌深受元季四大家影响，创作了《秋山图轴》（Eichman，et al.，2011：63）。董其昌不仅在绘画上深受黄公望影响，而且在作品中还以"继董源、范宽之后的山水大家"（Eichman，et al.，2011：65）这样的话来纪念黄公望的两位唐宋先驱。

毫无意外，董其昌的学生都追随老师对黄公望的推崇，如清"四王"之一的王时敏创作了《拟黄公望溪山雨意图》；"四王"中的王原祁创作了《仿倪瓒山水》（倪瓒是黄公望的密友，他是元代另一位山水大家）和《仿黄公望富春山图》，延续了王时敏《仿倪瓒春林山影图》的风格。而"四王"中的王鉴则深受黄公望"清逸秀拔、繁简得宜"画风的影响。

作为"四王"的老师，董其昌声名更巨，他也是这种"聚合性"影响的来源之一，王原祁在董其昌对黄公望的阐释基础上，将设色山水推进到一个新的高度。从这个谱系中可以清楚地看到，鲜活的传统在每一代人的作品中得到了传承，使得那些古作继续活在新的作品中，并且激励着后来者。

我们必须要问：在那个业余爱好者远多于专业人士，也没有画廊或博物馆提供展览的世界里，这些艺术品的意义和功能是什么？这些作品是叙事性的绘画和手卷，它们把我们带入了一段断断续续的、互动的文化之旅，就像我们在画中行走一样。在另一个层面上，这些作品回忆了文人艺术家们丰富多彩的生活，在那里，他们有特定的场所，有他们用自己的艺术、朋友和同僚构成的谱系。但这些作品手手相传，不仅给后代提供了可供纪念和鉴赏的作品，而且通过添加自己的印鉴、诗歌、书法和题跋，进一步提升了作品的雅趣，以及属于它们自己时空的"再创造"。

参考文献

Ames, R.T. 2011. *Confucian Role Ethics: A Vocabulary.* Hong Kong & Honolulu: Chinese University Press of Hong Kong & University of Hawai'i Press.

Ames, R.T. & Hall, D.L. (trans.). 2003. Daodejing: *"Making This Life Significant"—A Philosophical Translation.* New York: Ballantine Books.

Ames, R.T. & Rosemont, H. Jr. (trans.). 1998. *The Analects of Confucius: A Philosophical Translation.* New York: Ballantine Books.

Barrett, T. 2005. Chinese religion in English guise: The history of an illusion. *Modern Asian Studies,* 39（3）: 509-533.

Davis, J. F. 1836. *The Chinese: A General Description of the Empire of China and Its Inhabitants.* Volume II. London: Charles Knight & Co.

Eichman, S., et al. 2011. *Masterpieces of Landscape Painting from the Forbidden City.* Honolulu: Honolulu Academy of Arts.

Emerson, R. W. 1862. American civilization. *Atlantic Monthly,* 9: 502-511.

Emmet, D. 1966. *Rules, Roles and Relations.* London: Macmillan.

Fei, X. T. 1992. *From the Soil: The Foundations of Chinese Society.* Hamilton, G. G. & Zheng, W. (trans.). Berkeley: University of California Press.

Keightley, D. N. 1998. Shamanism, death, and the ancestors: Religious mediation in Neolithic and Shang China, ca. 5000 B.C.—1000 B.C. *Asiatische Studien,* 52: 763-828.

May, L. 1992. *Sharing Responsibility.* Chicago: University of Chicago Press.

Rosemont, H. Jr. & R. Ames. 2009. *The Chinese Classic of Family Reverence: A Philosophical Translation of the* Xiaojing. Honolulu: University of Hawai'i Press.

Smiley, M. 1992. *Moral Responsibility and the Boundaries of Community : Power and Accountability from a Pragmatic Point of View.* Chicago: University of Chicago Press.

Standaert, N. 1999. The Jesuits did NOT manufacture "Confucianism". *East Asian*

Science, Technology and Medicine, 16: 115-132.

Taylor, C. 1989. *Sources of the Self: The Making of the Modern Identity.* Cambridge: Harvard University Press.

Zhou, Y. Q. 2010. *Festival, Feasts, and Gender Relations in Ancient China and Greece.* New York: Cambridge University Press.

译者后记

中国哲学的研究工作目前正在发生一些历史性的变化。这是因为中国文化可能正处于一种蜕变的边缘。我们曾经大规模地否定自己的传统文化，又大规模地引入西方文化，现在可能正在开启一个新的阶段：中国传统文化与西方文化的精华彼此融合，形成一种崭新的、世界性的文化。因此我们需要一种世界性的眼光，超出非此即彼的二元视域，打破"中国哲学"与"西方哲学"的学科壁垒，以一个更加宏观的视野来审视哲学本身，而非孤立地研究或解读"中国哲学"。

这也是我关注国外汉学研究的一个出发点。从最初的理雅各、卫礼贤，到后来的葛瑞汉、孔汉思，很多汉学家都在尝试着从西方的视角来看清楚中国文化的本来面貌，这对我们而言无疑是有启发的。我们也需要借助一种外在的视角，暂时排除民族情感（无论是正面的还是负面的），冷静而客观地观察自身和理解自身。

但对安乐哲先生而言，这种"外在"的视角多少就有些不合适了。安乐哲18岁就来到中国，亲炙于方东美、钱穆、唐君毅、劳思光等现当代大儒门下，已经可以视为一位中国文化的传承者了。在他的身上，"中国"和"西方"的身份区别已经十分模糊。英语和汉语都是他的母语，他也像一位普通的中国老人一样喜欢喝啤酒侃大山，拒绝使用智能手机这种"当代"产物。对于安乐哲先生而言，他更愿意以中国文化的介绍者自居——不是站在西方角度的"引介和翻译"，而是站在中国与西方关系角度的"介绍和诠释"。"引介"是单向的，是"汉学"；"介绍"则是双向的，力图跨越文化的障碍、打通文化的隔阂。所以他会叹息说，美国书店和图书馆里的"英译中国学术"太少了，远远比不上中国书店和图书馆里面的"汉译西方学术"，并为此感到愤愤不平。

安乐哲始终认为自己是一位谈论哲学问题的哲学家，只不过谈论时更多地引用中国哲学而已。对于这一点，我也很认同。哲学的研究对象是世界本身，本不该有国家或地区的区别，只是我们用到的思想资源恰巧来自于中国古代典籍。这一点很重要，关键词不是"中国""古代""典籍"中的任何一个，而是"世界"——对世界现象的透视能力，是衡量哲学的唯一标准，也是中国哲学的价值所在。典籍本身是没有生命的，现实世界才是活生生的；而让典籍在现实世界中活过来，才是哲学家存在的意义。在安乐哲先生的作品中，我们能看到这种活着的力量，他一直试图让典籍说话，让典籍来回答现实世界所遭遇的种种问题。他对中国古代典籍所做的大量翻译和诠释，无不如此。

在2015年曲阜召开的"儒学大家"会议上，我与安乐哲先生和田辰山先生交流过这些看法，两位先生一直希望我能够对这个问题做一些深入的研究。做为晚辈后学，我深表荣幸。但本人生性过于懒散，一向长于思而短于行。后来在2018年因"儒学大家"项目与王秋老师、明晓旭老师等人组建翻译团队，共同承担这本书的翻译任务，中间因各种俗事所累，持续了一年多才将此书翻译完成。明晓旭承担了本书中间部分大量的翻译工作，王秋承担了后期的校对工作，在此特别致谢！

本书受山东省儒学大家工程专项经费资助，是"孔子研究院儒学大家"项目的翻译成果之一。田辰山教授在工作坊的组建过程中付出了巨大心血，并亲自承担了最终的校对和审核工作。感谢黄俊杰教授担任丛书主编的"全球东亚系列"（"Global East Asia Series"）的支持，感谢浙江大学出版社的帮助。在翻译和出版过程中，黄俊杰教授、温海明教授、黄静芬编辑，以及北京外国语大学"儒学大家"工作组的工作人员都给予了大力支持，在此一并致谢！